Elisabeth Schmidauer Sommer in Ephesos

I

Manchmal, zwischen Schlafen und Wachen, sehe ich die weiße Stadt. Manchmal gehe ich, im Traum, die Marmorstraße entlang, die Kuretenstraße, die Arkadiane. Die Malven schaukeln im Wind, die Zikaden schrillen in den Hanghäusern, und die aufgehende Sonne taucht die Kapitelle und Säulen der Bibliothek in rosiges Gold. Ich gehe durch die leere Stadt, als gehörte ich hierher, ich weiß es wieder, dass ich hierher gehöre, immer habe ich es gewusst, und einmal, da war ich siebzehn, einen Sommer lang, gehörte die Stadt mir.

. . . . .

Dass mein Vater gestorben war, erfuhr ich während einer Besprechung. Ich hatte mein Handy auf Empfang gestellt, ich erwartete einen Anruf, es hatte Probleme mit Materiallieferungen gegeben, am Display sah ich, dass Eva anrief, meine Mutter, es war 15 Uhr 47. Ich kann jetzt nicht, sagte ich, dein Vater ist tot, etwas rauschte in meinen Ohren, ich ruf dich zurück, sagte ich und unterbrach die Verbindung. Ich klärte die Sache mit den verschollenen Lieferungen, ich vereinbarte Termine für Objektbegehungen in den nächsten Tagen, ich diskutierte das neue Projekt, Bürotürme aus Stahl und Glas, in meinen Ohren rauschte es wie von Flügeln.

Erst am Abend fand ich den Mut, Eva anzurufen. Ich bin in L. A., sagte sie, ich weiß nicht, ob ich kommen kann, du kümmerst dich doch darum.

Worum, fragte ich, das Begräbnis, sagte sie ungeduldig, wer soll es sonst machen, da ist sonst keiner, das weißt du.

Ich wusste es nicht, woher hätte ich es wissen sollen, was wusste ich von meinem Vater, ich hatte ihn seit dreizehn Jahren nicht mehr gesehen, seit dreizehn Jahren nichts von ihm gehört. Hin und wieder hatte meine Mutter, aber was wusste sie von seinem Leben oder von meinem, hatte Eva etwas erzählt, am Telefon, oder wenn wir einander kurz sahen, wenn sie in Wien war. Jahre nach der Scheidung, die Mutter war da schon lange in Amerika, hatte der Vater sie manchmal angerufen, das erzählte sie mir dann, dass er daran dachte, das Haus zu verkaufen, ist dir das gleichgültig, fragte sie mich, es ist sein Haus, sagte ich. Dass er auf Kur gewesen war, dein Vater auf Kur, sagte sie und sie schüttelte den Kopf, er wird alt, sagte sie, und es klang, als hätte sie das nicht von ihm erwartet, nicht von meinem Vater, der doch fünfundzwanzig Jahre älter war als sie. Dass er sie, aus heiterem Himmel mitten in der Nacht, wie soll das gehen, Eva, hätte mein Vater gesagt, aus heiterem Himmel mitten in der Nacht, er hatte sie angerufen, die Mutter hatte geflucht, ruf morgen an, und aufgelegt. Was wollte er wissen, fragte ich, er hat sich nicht mehr gemeldet, sagte die Mutter.

Dass er ein Buch publiziert hatte, erzählte mir die Mutter, es war sein letztes gewesen, ich hatte die Rezensionen gelesen. Es war zurückhaltend besprochen worden, man hatte etwas anderes erwartet, etwas Größeres, ein Alterswerk, das alles Bisherige zusammenfassen und übertreffen sollte. Die Fachwelt, so hieß es in den Besprechungen, die ich mit Beklemmung las, die Fachwelt wartete seit Jahren auf dieses Werk, es war aber nur ein schmales Bändchen geworden, meine Schuld, dass es kein Alterswerk gab, nur ein schmales Bändchen, Inschriften in Carnuntum.

Was geht es mich an, sage ich zu Friedrich. Wieso soll ich das machen, sein Begräbnis planen, sage ich, eine Feier für ihn ausrichten, was geht es mich an, für mich ist er vor langer Zeit gestorben, und ich für ihn.

Friedrich zieht die Augenbrauen hoch. Wir sitzen in einer Pizzeria in der Nähe meines Büros, mein Vater ist tot, sagte ich, als ich ihn in der Früh angerufen habe, warum, mein Vater ist tot, der Satz fiel in einen hohlen Raum, sodass ich nicht hörte, was Friedrich sagte. Ich legte auf, aber zu Mittag stand Friedrich im Büro, mir ist übel von den Gerüchen nach warmem Teig und Knoblauch, und Friedrich zieht die Augenbrauen hoch. Gleich wird er sagen, er ist dein Vater, wenn er das sagt, denke ich, er ist dein Vater, er sagt aber, wenn es dich nichts angeht.

Eben, sage ich und verstumme, und ich weiß, ich werde es tun müssen. Friedrich mustert mich, seine klaren hellen Augen, ich zwinge mich, nicht zu weinen, warum sollte ich weinen.

Anastasia, sagt Friedrich, und ich verschließe mich vor seinen Augen, er sieht mich an, ich schüttle den Kopf.

. . . . .

Anastasia. Was für ein schrecklicher Name. A-na-sta-si-a. Fünf Vokale, und mein Vater musste auch noch das I betonen, Anastasía. Warum, habe ich ihn einmal gefragt, warum habt ihr mir diesen Namen gegeben, warum gerade diesen?

Weil, hat mein Vater gesagt und die Brille hochgeschoben, weil es ein schöner Name ist.

Was ist daran schön?, habe ich ihn gefragt, A-na-sta-siii-a, das nimmt ja kein Ende, habe ich gesagt. Bis ich den Namen ausgesprochen habe, sind alle schon weg, die vielleicht danach gefragt haben, langweilig und altmodisch, habe ich gesagt.

Mein Vater hat mich streng über den Rand der Brille hinweg angeschaut. Es ist ein schöner Name, hat er wiederholt. Die auferstehen wird, ist das nicht schön?

Weil ich vor seinem Schreibtisch stehen geblieben bin, ich sah ihm gerne zu, wenn er las und schrieb und zeichnete, grün fiel das Licht über seine Schulter auf die Bücher, in denen er las, rotes Leder, braunes Leder und grauer Karton, blaue Buchrücken oder schwarze und aschweiße, braungelbe Blätter, ist noch was, fragte er, weil ich, von einem Fuß auf den andern tretend, noch immer vor seinem Schreibtisch stand, nein, sagte ich und ging und suchte meine Mutter, die sich dehnte in ihrem Studio, Kopf zum Knie, die Fingerspitzen bei den Zehen, die Beine gestreckt und in einer Linie am Boden, der schmale Rücken meiner Mutter. Wenn sie so, Brust und Bauch am Boden, die Arme wie anbetend, sich ergebend, auf dem hellen Parkettboden, weil sie das Haar hochgebunden hatte, sah ich ihre Halswirbel, Rückenwirbel unter ihrem Trikot, wenn sie so, wie in ein Gebet versunken, ihre Übungen machte, durfte ich sie nicht stören. Ich setzte mich auf den Boden und sah ihr zu, dehnen, strecken, hoch und nieder, Arabeske, Pirouette, Sprung.

Meine schöne Mutter, die über die Oberfläche des Spiegels flog, ihre Waden waren hart, manchmal sah sie alt aus, wieso quälst du dich, fragte mein Vater. Wie soll ich denn sonst mit den Jungen mithalten, sagte sie, meine Mutter kniff ihre Augen zusammen und den Mund, dünnlippig plötzlich, wenn mein Vater sagte, wieso quälst du dich, du musst das nicht mehr tun. Das Bild meiner Mutter im Spiegel, wenn sie sich zu mir umdrehte, war sie eine andere.

Manchmal setzte sie sich nach dem Training zu mir, sie schlüpfte in eine Jacke, zog dicke bunte Wollsocken über die Füße, ich mochte den Geruch nach Schweiß und Wolle, sie trank, gierig, ihr Wasser, eine halbe Zitrone auf einen Liter, was war in der Schule?, fragte sie, hast du gegessen?, wie war es bei den Großeltern?, gut, sagte ich, was heißt vorlaut?, fragte ich, wer sagt das, die Lehrerin, sagte ich, ich bin eine vorlaute Person, sagt sie, aber sie hat gelacht, als ich gesagt habe, also bin ich ja eigentlich leise.

Manchmal tanzte die Mutter mit mir, wild, keine Pirouetten, keine Arabesken, wild und laut tanzten wir zur Musik, die in unseren Köpfen war oder die sie aufdrehte, so laut, bis der Vater kam, Eva, sagte er, das geht nicht, und sie sah ihn an, und die Musik tobte, er musste schreien. Ich höre euch bis hinunter, schrie er, was, schrie ich, was was was, ich warf mich ihm in die Arme, was was was, schrie ich, du regst das Kind auf, sagte der Vater, aber wenn ich mich ihm in die Arme warf, hob er mich hoch, tanzen, schrie ich, komm tanzen. Er sah mir in die Augen und lächelte, dann stellte er mich wieder auf meine Beine, später, sagte er, mach die Musik leiser, Eva, sagte er, und obwohl er nicht mehr schrie, hatte ihn die Mutter verstanden und drehte die Musik ab. Der Vater hat auch später nicht mit mir getanzt, dafür ist deine Mutter zuständig, sagte er, aber er erzählte mir, das weiß ich plötzlich wieder, die schönsten Geschichten, die mir je ein Mensch erzählt hat.

Im Sommer waren wir allein, die Mutter und ich, der Vater war nicht da. In manchen Jahren verschwand er schon im Frühling, er kam zurück für ein paar Tage und brachte Geschenke, bunte Klimperketten mit blauen Augen, Seifen und weiche Tücher, die rochen fremd, und erzählte von weißen Steinen und Störchen und brennenden Städten. Die aufgeregten Stimmen der Eltern, auf dem Flur standen Koffer, und das Kind, sagte der Vater, sie kann zu meinen Eltern, sagte die Mutter, eine Mutter gehört zu ihrem Kind, die Mutter lachte auf, hart. Wenn der Vater sagte, und das Kind, wo ist das Kind, wo soll das Kind hin, du kannst doch das Kind nicht alleine lassen, und du, sagte die Mutter, du bist doch immer weg, du bist doch der, der wochenlang, monatelang, das ist mein Beruf, wir leben davon, wenn ich dich daran erinnern darf, was ist mit meinem Beruf, dann lachte der Vater, Beruf, lachte er, wo ist er denn, dein Beruf.

Die weiße Stadt, die brennende Stadt, die Sehnsuchtsstadt meiner Kindheit. Nimm mich mit, bettelte ich, wenn der Vater wieder fuhr, jedes Mal, nimm mich mit. Ich hatte Bilder gesehen in dicken Bänden, Fotos, die mein Vater gemacht hatte, Filmaufnahmen. Lange, bevor ich dort war, bin ich den Weg durch die Stadt gegangen, und oft. Mein Vater hatte mir die Stadt erzählt, ich wusste, wie die Marmorstraße glänzte, wie der Mohn rot im Frühling blühte, ich wusste es, wie die Kuretenstraße – Kuretenstraße, sagte ich mir leise vor, niemand im Kindergarten, niemand in meiner Klasse kannte solche Wörter – wie die Kuretenstraße zur Bibliothek hinunterführte, wie im Odeion, auf der oberen Agora die reichen Einwohner, die Priester und die Politiker die Zukunft der Stadt besprachen, wie auf der Prozessionsstraße, die vom Artemision zur Stadt führte, weißgekleidete Menschen das Bild der Göttin trugen, die Vielbrüstige, sagte der Vater und die Mutter lachte.

Da ist nichts zu lachen, sagte der Vater. Das ist ein uralter Kult, ich mochte das Wort »Kult«. Der Göttin ansichtig sein, sagte ich, wie das Kind spricht, sagte der Vater stolz, wenn ich so etwas sagte, ansichtig sein. Ich studierte die Pläne von Ephesos, ich buchstabierte mir die Namen der Gebäude zusammen, P-r-y-t-a-n-e-i-on, O-de-i-on, Ba-si-li-ke Sto-a, meine Zunge stolperte über Lysimachos, Skolastikia, Hypokaustensystem. Ich lernte Reiseführer auswendig, die Räume des Hafenbades, Frigidarium, Apodyterium, Tepidarium. Wenn mein Vater zurückkam, zählte ich ihm die Gebäude auf, der Hadrianstempel, sagte ich, die Hanghäuser, das Oktogon und der Brunnen des Gründers Androklos, die Latrina, das Bordell, die Celsusbibliothek. Hast du gewusst, fragte ich ihn, dass die früher am Klo nebeneinander gesessen sind, ganz ohne Wand dazwischen, ich kicherte, ich möchte auch so ein Klo, sagte ich und wir überlegten, wo denn im Haus noch Platz wäre für eine Latrine. Wenn ich vom Bordell sprach, ärgerte er sich, das ist ein Märchen, sagte er, das erzählen die Reiseführer, weil es die

Touristen gerne hören, dort war kein Bordell, völliger Blödsinn. Die Frage nach dem Bordell beantwortete er mit einem langatmigen Exkurs über Prostitution in der Antike, findest du nicht, dass das zu weit geht?, fragte die Mutter, sie ist erst sechs.

Die Tatsachen des Lebens, sagte mein Vater, kann man gar nicht früh genug erfahren, und dann erklärte er mir, dass es Agorá hieß, Betonung auf dem zweiten a, dass aber Strabo kein Geografpf, sondern ein Geograph gewesen war, das war ein Druckfehler im Reiseführer.

Wenn ich an Ephesos dachte, sah ich die weißen Segel der Schiffe, die in den Hafen einfuhren und Waren brachten von überall her. Wein in Amphoren und Öl, Getreide und duftende Salben, Ballen von Seide, glänzende Stoffe und Farben, die Stoffe zu färben, Gewürze in Säcken, die rochen betäubend, thasischer Marmor, Elfenbein von den Küsten Afrikas und Zedernholz aus dem Libanon, Gold und Silber und Edelsteine, Bernstein und Pelze und wilde Tiere, das gesamte römische Imperium war auf diesen Schiffen, war in Ephesos.

Ich dachte mir die weiße Stadt und das bunte Gewühl. In den Nischen, in den Gewölben, in den Tempeln und auf den Straßen ballte sich das Leben, ich sah die Matrosen, die Händler, die Gelehrten, die Soldaten und die Huren, die dachte ich mir in schillernden Gewändern mit einem grellen Lachen, oder sie rochen sanft. Die ehrbaren Frauen, dachte ich, die

Vestalinnen, die Sklaven und die Senatoren, die sich auf den Plätzen drängten, die Gladiatoren, die Theaterbesucher, die Handwerker, die Priester und die Prediger. Paulus dachte ich mir, wie er gegen die Göttin wetterte, seine Anhänger und seine Gegner, groß ist die Artemis von Ephesos, schrieen dreißigtausend im Theater. Silberschmiede dachte ich mir, und Johannes und die Gottesmutter, Artemis und Maria, dass sie beide dort gewesen waren, das erstaunte mich, wie kam denn das zusammen.

Ich liebte die Katzen, die in der alten Stadt lebten, der Vater fotografierte sie für mich. Nachkommen, sagte mein Vater und zwinkerte mir zu, Nachkommen der griechischen Katzen, der römischen Katzen, der orientalischen Katzen, die jahrtausendelang dort gelebt haben. Ich betrachtete sie ehrfürchtig, und ich sah das Griechische, das Römische, das Orientalische in ihren Gesichtern, die waren schmal, ihre Körper waren schlank und ihre Augen standen schräg.

Im Kindergarten zeichnete ich Frauen mit Brüsten und die Tante lud die Eltern vor, das war das einzige Mal, dass mein Vater in eine Sprechstunde ging. Frühreif, sagte die Tante und errötete, Humbug, sagte der Vater. Als ich das Wort »Stierhoden« einwarf, beendete die Tante die Unterhaltung. Ich hatte Erbarmen und unterließ es, den Gott Bes, dessen riesiger Phallus mich faszinierte, zu zeichnen.

Die weiße Stadt und mein Vater, der kam und ging, der im Frühling verschwand und im Herbst wiederkehrte. Der Vater schickte Postkarten, auf die hatte er Zypressen hingeworfen vor einem violetten Himmel und umgestürzte Säulen, um die sich Grünes rankte. Am Telefon beschrieb er mir die Mosaike in den Hanghäusern, er sang mir Lieder vor, die die türkischen Arbeiter auf ihren Festen sangen, wenn du größer bist, sagte er, nehme ich dich mit, versprochen. Aber dann war etwas passiert zwischen meinen Eltern und wir hatten das große Haus verlassen, meine Mutter und ich, die Villa in dem Park, in dem die Bäume das Licht grün filterten, mein Zimmer unter dem Dach, von dem aus ich auf den kleinen Teich sah und auf die Linden und Buchen, auf die Ahornallee. Wir verließen das helle Studio meiner Mutter und die Bibliothek des Vaters, in der es einen Kamin gab, an dem ich im Winter saß, und mein Vater breitete Karten vor mir aus, die eine alte Welt zeigten, mit Meeresungeheuern und Menschenmonstern. Die Winde bliesen, wir trieben gemeinsam in schwarzen Ozeanen, vollbackig aus allen Himmelsrichtungen, und hinter uns knackte das Holz im Feuer.

Etwas war passiert und die Villa, das grüne Licht, die Bibliothek meines Vaters und die weiße Stadt versanken, ich ließ sie hinter mir, weil es keinen Platz dafür gab in der Wohnung, in der ich dann mit der Mutter lebte. Du kannst jederzeit zu mir kommen, hatte der Vater gesagt, das ist dein Zuhause, aber irgendwie war nie die Zeit, in der es passte. Manchmal verbrachte ich ein Wochenende in der Villa, der Vater arbeitete in der Bibliothek, er sah auf, wenn ich die Tür einen Spalt öffnete, als ob er sich erinnern müsste, wer ich war, ich bin draußen, sagte ich, er nickte, ich wäre gerne mit ihm in der Bibliothek gesessen, ich hätte ihn nicht gestört. Er hätte geschrieben, ich hätte gelesen, in den dicken Wälzern geblättert, wie ich es früher getan hatte, aber etwas war passiert und das ging nicht mehr. Also hatte ich lieber etwas anderes zu tun, wenn er mich zu sich einlud, er tat es nur halbherzig, schien mir, und war erleichtert, das war er doch, wenn ich ablehnte. Ich bin bei einer Freundin, sagte ich, wir haben Besuch, ich muss lernen. Kannst du das nicht bei mir?, fragte er, ich verdrehte die Augen und er fragte nicht mehr.

Als ich größer war, gingen wir, wenn er in Wien war und Zeit hatte, einmal in der Woche essen, wir trafen einander zum Frühstück im Imperial oder zum Mittagessen beim Plachutta, manchmal abends im Steirereck, Esskultur, sagte er und weigerte sich, mit mir zu McDonald's zu gehen. Die Länge eines Essens, das ertrugen wir, befangen beide, weil es nichts mehr gab, worüber wir reden konnten. Wenn ich ihm erzählte, was ich las, entspannte er sich. Er lachte über meine Beschreibungen von Mitschülern, von Lehrern, manchmal erzählte er vom Institut, Seltsames und Abstruses, wenn wir uns verabschiedeten, bis nächste Woche, sagte er, und immer schien es mir, als würde er aufatmen, oder auf etwas warten, bis nächste Woche, und wir hatten nichts von uns erzählt.

Du kannst bei mir übernachten, sagte er, wenn es spät wurde. Ich sagte jedes Mal Nein, weil ich es nicht ertragen hätte, das große Haus und er und ich, weil es uns beide überfordert hätte. Er würde nicht wissen, wo die Bettwäsche war, er würde versuchen, mir beim Bettüberziehen zu helfen, das würde mich ungeduldig machen, er würde das Gefühl haben, er müsste etwas Väterliches sagen oder mit mir über meine Mutter reden. Ich hasste es, wenn er mich fragte, wie geht es deiner Mutter, was geht es dich an, habe ich einmal gesagt, danach hat er auch das nicht mehr gefragt. Beim Frühstück würde er über meine Zukunft reden wollen, vor lauter Verlegenheit würde er große Wörter in den Mund nehmen, »Verantwortung« und »Zielstrebigkeit« und »Vision«, ich war dreizehn, vierzehn, ich war fünfzehn, was kam er mir mit Verantwortung, also sagte ich Nein, wenn er mich fragte, ob ich nicht bei ihm übernachten wolle. Ich bring dich heim, sagte er, ich nehme die Straßenbahn, sagte ich, als ich schon älter war, also gab er mir Geld für ein Taxi, das nahm ich und fuhr mit der Straßenbahn nach Hause.

Wenn er von Ephesos erzählte, das tat er immer noch, hätte ich mir gerne die Fäuste in die Ohren gestopft. Ephesos gab es nicht mehr, nicht für mich, und ich wollte vergessen, was mir die weiße Stadt gewesen war.

. . . . .

Das Bestattungsinstitut, das mein Vater beauftragt hat, heißt Elysium. Elysium, höre ich die Stimme meines Vaters, die Insel der Seligen, ein Ort oder Zustand vollkommener Glückseligkeit. In der griechischen Mythologie, sagte der Vater, ist es der Ort, an den die antiken Helden, die Außerordentliches geleistet haben, entrückt werden, ohne dass sie den Tod erleiden.

Er schrieb mir das Wort auf: ελύσιον, und ich buchstabierte: E-l-y-s-i-o-n.

Nach Vergil, sagte mein Vater, herrscht dort der ewige Frühling, dort scheint eine eigene Sonne und die Sterne, die die Nacht erhellen, sind nicht von dieser Welt. Es war ja die Geografie, sagte er und ich kicherte, die Geografie, wiederholte er mit fester Stimme und ohne eine Miene zu verziehen, die Geografie der antiken Unterwelt eine wesentlich vielfältigere und interessantere als die christliche Vorstellung vom Jenseits. Himmel, Hölle, Fegefeuer, eventuell noch der Limbus, aber wer kennt den heute noch?

Wir schüttelten besorgt die Köpfe.

Erzähl, sagte ich, erzähl von der Unterwelt.

Mein Vater sprang auf. Warte, sagte er. Wenn er sagte, warte, dann war ihm etwas eingefallen, dann musste er etwas suchen, das er mir zeigen wollte. Hades kennst du, sagte er.

Ich nickte, der grässliche Herrscher der Unterwelt.

Er schlug verschiedene Bücher vor mir auf. Hades, der Persephone raubte, die Büste eines bärtigen Mannes mit wild gelocktem Haupthaar, über die nackte Schulter ein schwarzes Tuch geworfen, Hades und

Persephone, lächelnd auf einem Thron, mit Früchten und Weizengarben in den Händen.

Siehst du, sagte der Vater, er ist nicht nur grässlich. Mit Persephone an seiner Seite ist er nicht nur grässlich.

Die Unterwelt also, sagte mein Vater und blätterte in den Bänden, das schaurige, öde Reich des Hades schließt den Tartarus ein, das ist die tiefste Region, in die die Frevler gestoßen werden, die Verdammten, die hier ewige Qualen erleiden. Der Tartarus, die asphodelischen Felder, die elysischen Gefilde.

In meinem Kopf explodierten Farben und Klänge. Asphodelische Felder, sagte ich, wie sehen die aus?

Dort wachsen Blumen, sagte der Vater, bleiche, blasse Blumen mit violetten Blättern. Davon ernähren sich die Seelen, die dort leben. Auf den asphodelischen Feldern leben, wenn man das noch so nennen kann, die, die weder im Guten noch im Bösen Besonderes geleistet haben.

Ist das gut, fragte ich, ist es dort gut?

Mein Vater wiegte den Kopf. Was denkst du, fragte er, und ich wusste nicht, was es hieß, im Guten oder im Bösen etwas Besonderes zu leisten.

Der Eingang zum Totenreich, sagte mein Vater schließlich, ist eine Kluft, die sich am Ende der Welt am Ufer des Okeanos befindet, im Land der Kimmerier, im Hain der Persephone, wo Pappeln und Erlen und Weiden wachsen.

Ich mag Pappeln, sagte ich. Und Erlen. Und Weiden.

Mein Vater lächelte. Ja, sagte er. Ich auch.

Seine Augen, sah ich, hatten die Farbe der Pappeln im Frühling. Wenn dort Pappeln wachsen, dachte ich, ist es gut.

Es gibt fünf Flüsse, sagte mein Vater und schlug ein anderes Buch auf. Den Styx kennst du? Er umfließt die Unterwelt neun Mal und ist die Grenze zwischen der Welt der Lebenden und dem Totenreich. Er schlug ein Bild auf, das zeigte Charon in einem Boot, wie er durch einen Fluss voller Leiber fuhr, mich schauderte, ein Fluss voller Leiber, die sich übereinander wälzten, im Untergehen sich an anderen Leibern festhielten, andere in die Fluten drückten, um selbst nicht unterzugehen, nimm uns mit, hörte ich sie flehen, ein Fluss voller Leiber, nimm uns mit, Arme, die sich nach dem Boot ausstreckten, Köpfe, die sich aus den Fluten erhoben, der Fährmann stieß sie erbarmungslos mit seinem Ruder zurück und etwas knirschte, als er auf ihre Arme und Beine, ihre Köpfe schlug, knirschte und hallte dumpf, und zwei standen aufrecht im Nachen, nur zwei, groß und aufrecht im Nachen.

Dann ist da noch der Acheron, sagte mein Vater, an dessen Mündung steht ein Totenorakel, dann der Kokytos, der Fluss des Wehklagens.

Kokytos, wiederholte ich, Fluss des Wehklagens.

Wenn die Verstorbenen aus diesem Fluss trinken, sagte mein Vater, erkennen sie, dass sie ihr Leben in der Oberwelt verloren haben. Der Pyriphlegethon, Py-ri-phle-ge-thon, wiederholte ich, der Flammende, führt kein Wasser, sondern kochendes Blut und Flammen, kochendes Blut und Flammen, stöhnte ich, die schwarz und feurig alles verbrennen und niemals erlöschen.

Ich seufzte tief auf.

Im Lethestrom, dem Strom des Vergessens, fuhr mein Vater fort, verlieren die Verstorbenen die Erinnerung an ihr Leben in der Oberwelt. Das ist gut, sagte mein Vater, die Erinnerung verlieren, wie könnten sie sonst ohne das Licht der Sonne, du kennst die griechische Sonne nicht, ohne das Licht der Sonne dort sein.

Dann wissen sie nichts mehr, fragte ich, von dem, was vorher war?

Nichts mehr, sagte mein Vater. Die Sonne nicht, das Wasser nicht, den Geschmack der Feigen nicht. Wie ein Baby riecht, im Schlaf, wissen sie nicht, oder wie ein Lied klingt am Morgen und nicht den Schmerz, wenn ein anderer stirbt.

Der Vater sah mich nachdenklich an.

Wie riecht ein Baby im Schlaf?, fragte ich.

Süß, sagte er und lachte und hob mich hoch, und seine Augen, die Farbe der Pappeln im Frühling, leuchteten.

Die Dame vom Bestattungsinstitut schnäuzt sich. Heuschnupfen, sagt sie, das ganze Jahr über, schrecklich. Die Blumen, die unsere Branche verlangt, machen es nicht besser, schauen Sie mich an, wie ich aussehe, vorbildlich, sage ich, für Ihr Unternehmen.

Sie sieht mich mit geröteten Augen verständnislos an, wie kann ich Ihnen helfen, fragt sie.

Ich habe angerufen, sage ich. In der Sache Reiterer.

Ach ja, sagt sie und stopft umständlich ihr nasses Taschentuch in den Ärmel ihrer Bluse. Der gute Herr Professor. Ist er also von uns gegangen. Mein herzliches Beileid.

Sie streckt mir eine feuchte Hand entgegen.

Was muss ich tun, sage ich, es ist das erste Mal, dass ich –

Die Dame unterbricht mich strahlend. Machen Sie sich keine Sorgen, flötet sie, der gute Herr Professor hat sich um alles gekümmert. Es darf etwas kosten, hat er gesagt, es soll etwas gleichschauen, und es soll alles von Ihnen, also von uns, erledigt sein, er wollte nicht, dass sich irgendjemand noch mit irgendetwas belasten muss.

Das heißt?, frage ich.

Schauen Sie, sagt sie begeistert, die Linie unseres Unternehmens ist da ganz klar. Mit dem Kunden, dem zu Bestattenden durch dick und dünn. Sie sollen sich wohlfühlen als zu Bestattender! Sie sollen das Gefühl haben, nach Hause zu kommen! Sie sollen, die Dame jauchzt beinahe, feuertrunken diese Erde verlassen! Sie schiebt mir eine Broschüre zu, wir machen Sie selig, unser Firmenmotto, strahlt sie mich an. Das hat übrigens der Herr Professor vorgeschlagen.

Verblüfft nehme ich die Broschüre entgegen. Und Sie sind, fragt mich die Dame, in welchem Verhältnis standen Sie zu dem teuren Verstorbenen?

Ich bin die Tochter, sage ich.

Ach, das ist schön, strahlt die Dame, die Tochter. Das freut mich für den lieben Herrn Professor!

Wenn Sie mir, sage ich verwirrt, sagen könnten, was mein Vater vorgesehen hat und was ich noch zu erledigen habe, es gibt doch sicher Dinge, Bürokratisches, die Parte, die Messfeier, ist er wo aufgebahrt? Erst jetzt fällt mir ein, dass mein Vater wahrscheinlich hier irgendwo untergebracht ist, Blumen, stottere ich, und Kränze, ist denn ein Anzug da?

Die Dame sieht mich enttäuscht an. Aus dem zweiten Blusenärmel fischt sie ein ebenso unansehnliches Taschentuch und wischt sich Augen und Nase. Aber ich habe Ihnen doch gesagt, dass wir uns um alles kümmern, murmelt sie in das Tuch hinein. Sie weist auf die Broschüre, Seite fünf bis sieben, sagt sie und verstaut das Taschentuch, das sind die Leistungen, die Sie von uns erwarten können.

Verschiedenes ist schon erledigt, sagt die Dame, die Verständigung des Totenbeschauarztes natürlich oder die Beurkundung am Standesamt, die Benachrichtigung der zuständigen Pfarre. Wir haben Ihre Mutter benachrichtigt, die Sie dann anrufen sollte, das hat der Herr Professor so gewollt, das Kind soll es nicht von einem Fremden hören, hat der Herr Professor gesagt. Ich habe Sie mir gar nicht vorstellen können, sagt die Dame und sieht mich neugierig an, der Herr Professor hat immer vom Kind gesprochen.

Ja, sage ich, und blättere auf die Seite fünf, Ihr lieber Herr Vater, strahlt die Dame, hat das Komplettprogramm gebucht. Keine Seebestattung und kein Einbalsamieren, das wollen die wenigsten, aber ansonsten, sie schlägt eine Mappe auf, ich kann Ihnen das gerne mitgeben, haben wir ganz genaue Instruktionen Ihres Vaters bezüglich jedes dieser Punkte. Und das, sagt sie, sie reicht mir einen verschlossenen Umschlag, wenn das Kind kommt, hat Ihr Herr Vater gesagt, geben Sie ihm das.

Ich nehme den Umschlag, der ist groß, Anastasia Reiterer steht darauf und meine Adresse, ich stopfe den Umschlag in meine Handtasche.

Der gute Herr Professor, sagt die Dame und tupft sich die Augen, hat gerne hier vorbeigeschaut, dann haben wir seinen letzten Weg besprochen. Er konnte sich lange nicht entscheiden, was auf der Parte stehen sollte, geboren, gestorben, was gibt es mehr zu sagen. Es soll sich niemand verdrehen müssen, hat er gesagt. Ewiges Gedenken, was für ein Humbug, hat er gesagt. Nie vergessen, Blödsinn, es ist das Vergessen eine Gnade, Frau Pölzinger, hat er gesagt. Frau Pölzinger, das bin ich, sagt die Dame verschämt und birgt ihr Gesicht in einem neuen Taschentuch.

Er hat sich für eine Grabstelle auf dem Friedhof Kahlenbergerdorf entschieden, sagt die Frau Pölzinger, ich habe Ihnen die wichtigsten Informationen aufgeschrieben, seine Adresse gewissermaßen, Reihe 17 Grab 9, Name und Telefonnummer des Pfarrers, falls Sie mit ihm reden wollen. Es ist aber der Ablauf, die musikalische Gestaltung, das ist alles mit dem Organisten, den Musikern und dem Chor abgesprochen, der Herr Professor hat das alles noch zu Lebzeiten gemacht.

Blumenschmuck, lese ich, keiner. Neben meinem Sarg, hat der Vater geschrieben, der verschlossen ist, es soll mir keiner ins Gesicht starren, eine Indiskretion ist das, neben dem Sarg ein Foto, wir haben es schon gerahmt, sagt die Dame.

Sie kramt in einem Kasten, macht Laden auf und zu, hier, sagt sie.

Was ich sehe, erinnert mich, Steine, Licht und Gras.

Es wird alles bereit sein, sagt die Dame, machen Sie sich keine Sorgen.

Und die Kosten?, fragte ich.

Sterben ist nicht billig, sagte die Dame, aber es ist alles bezahlt, ausgenommen die Musik, das ist Ehrensache, haben die Musiker gesagt, nette junge Leute, das sind Kollegen Ihres Vaters. Die wollen nichts nehmen, Frau Pölzinger, hat Ihr Vater gesagt, soll noch einmal einer über die Jugend schimpfen. Aber alles andere ist erledigt, selbst die Trinkgelder für die Leichenwäscher. Das ist nicht üblich, habe ich ihm gesagt, aber er hat darauf bestanden, die Trinkgelder für die Leichenträger, etwas für die Ministranten, den Vorbeter, es soll doch alles seine Ordnung haben, hat er gesagt.

Dann lacht die Dame auf. Der Leichenschmaus, sagt sie vergnügt, der Leichenschmaus war ihm ganz besonders wichtig. Hier darf nicht geknausert werden, Frau Pölzinger, hat er gesagt, eine gute Nachrede in diesem Punkt ist von höchster Dringlichkeit. Er hat einen feinen Humor gehabt, der Herr Professor, und, wenn ich das so sagen darf, er war ein Kavalier der alten Schule.

Die Dame schnäuzt sich heftig, diesmal aus einer tränenden Rührung heraus. Sehen Sie, sagt sie, das ist die Liste, an wen aller die Parte geht, und das ist die Liste mit denen, die ausdrücklich persönlich zum Leichenschmaus geladen sind.

Ich überfliege die Leichenschmausliste. Freunde und Weggefährten meines Vaters aus dem In- und Ausland, ich stocke kurz bei einem Namen, einen anderen Namen suche ich vergeblich. Hier, sagt die Dame und zeigt auf das Ende der Liste, eine ganz besondere Ehre ist es mir, hat der Vater geschrieben, Sie, liebe Frau Pölzinger, bei diesem Schmaus im Geiste begrüßen zu dürfen.

Das freut mich, sage ich, und die Dame bricht in Tränen aus. Es ist alles bezahlt, sagt sie, Sie werden in keiner Weise belastet. Wollen Sie die Menüfolge sehen?, fragt mich die Dame, ich winke ab, der schwere Duft der Buketts verursacht mir Kopfweh.

Sie tätschelt meine Hand, das ist eine schwere Zeit, sagt sie, aber der Herr Professor ist gut vorbereitet von uns gegangen. Und jetzt, sagt sie, jetzt wollen Sie sicher Ihren Vater sehen, wir haben ihn für Sie vorbereitet.

Nein, will ich sagen, das muss nicht sein, aber sie hat mich schon sanft am Unterarm genommen, es ist nicht schlimm, sagt sie, er sieht sehr gut aus. Sie führt mich in den hinteren Bereich, in einen kühlen Raum, der ist mit Samt ausgeschlagen, da steht ein Sarg, rotgoldenes Holz, die Blumen, sagt sie, die habe ich ihm hingestellt, es ist doch sonst so leer. Ich lasse Sie jetzt allein, sagt sie, ich starre auf meinen Vater hinunter, ich habe ihn nicht gekannt als alten Mann.

. . . . .

Ich hatte die weiße Stadt vergessen und was sie mir gewesen war. Ich hatte vergessen, dass ich, seit ich denken konnte, den Vater angebettelt hatte, mich dorthin mitzunehmen. Ich hatte vergessen, dass das meine Stadt war und dass sie mir gehörte.

Ich war mit der Mutter aus der Villa ausgezogen, ich war vom Vater weggegangen, der hatte mich nicht aufgehalten, da hatte ich es nicht mehr wissen wollen. Vielleicht hatte es einen Schmerz gegeben, Phantomschmerz, eine Zeit lang, aber als meine Mutter sagte, da war ich siebzehn, du fährst im Sommer zu deinem Vater nach Ephesos oder du bleibst hier, da war die Türkei, Ephesos, der letzte Ort gewesen, an dem ich meine Sommerferien verbringen wollte.

Du hast gesagt, schrie ich meine Mutter an, ich kann mit dir nach Amerika kommen! Du hast es versprochen! Ich nehme mir Zeit, hast du gesagt, wir mieten uns einen Wohnwagen nach den Auftritten, hast du gesagt, das war dein Maturageschenk, wieso geht das jetzt nicht?

Mach nicht so ein Theater, sagte meine Mutter, das ist einmal so im Leben, man kriegt nicht immer das, was man will.

Aber du hast es versprochen!, schrie ich. Seit einem halben Jahr reden wir von nichts anderem als von Amerika, wie ich mit dir die Städtetournee machen kann, Seattle, Detroit, Washington, New Orleans, L. A., San Francisco, wie wir mit dem Wohnwagen herumfahren, die Great Plains, der Yellowstone Nationalpark, du hast es versprochen!

Sie haben das Programm geändert, sagte meine Mutter. Es ist viel straffer, ich hätte kaum Zeit für dich, ich werde todmüde sein, es gibt noch Termine in der Zeit, wo ich mir freinehmen wollte, es geht nicht.

Es ist wegen dem Typ, richtig? schrie ich die Mutter an. Du willst, dass er mitfährt, wie heißt er, Julio? Roberto? Du nimmst ihn mit und lässt mich da, das ist nicht fair, das ist einfach nicht fair.

Was ist schon fair im Leben, sagte meine Mutter und in ihrer Stimme war eine Härte. Es ist, wie ich es dir gesagt habe, ich werde keine Zeit haben, ich werde todmüde sein, ja, Claudio fährt mit, aber das hat nichts damit zu tun, ich brauche ihn.

Wozu, sagte ich, dass er dich fickt?

Einen Moment, nur einen Moment lang dachte ich, dass sie darauf reagieren würde, dann lächelte sie, ihr sehr gelassenes Lächeln, das sie immer hat, wenn da einer ist, mit dem sie schläft, werd jetzt nicht unverschämt, sagte sie, du fährst zu deinem Vater nach Ephesos oder du bleibst hier. Amerika ist nicht, tut mir leid.

Im Leben meiner Mutter hat es viele Männer gegeben. Vielleicht war das schon so gewesen, als sie noch mit meinem Vater verheiratet war, es war jedenfalls so, als wir beide dann alleine lebten. Ich nahm es hin, dass fremde Männer in der Küche auftauchten, wenn ich mir mein Frühstück machte, wenn ich von der Schule nach Hause kam, das heißt nichts, sagte die Mutter, lass mir meinen Spaß, es nimmt dir keiner was weg. Manche sah ich nur einmal, andere kamen wieder und besetzten vormittags das Badezimmer und nachts das Schlafzimmer meiner Mutter. Seit sie mit ihrer Tanztruppe die ersten Erfolge hatte, lebten wir in einer größeren Wohnung, trotzdem bekam ich es mit, wenn diese Robertos und Claudios mit meiner Mutter im Schlafzimmer zugange waren, dann lag ich wach und dachte, dass ich nie, nie nie nie so lieben wollte wie die Mutter.

Freiheit, sagte sie, wenn die Igors und Julios wieder aus ihrem Leben verschwunden waren, nur wir zwei, sagte sie und sah beim Frühstück wieder so alt aus, wie sie war, dann fühlte ich mich fast wohl in unserer Wohnung. Die Mutter blieb zu Hause, oder wir gingen, wenn sie keine Auftritte hatte, gemeinsam ins Kino und danach zu McDonald's, sie besuchte mit mir die Großeltern. Ich mochte es, wenn wir nur wir zwei waren, aber das war nie für lange, dann wurde sie unruhig. Du solltest mehr unter junge Leute, sagte sie, mir geht es gut, sagte ich, ihr Jungen, sagte sie, feiert ihr nicht die Nächte durch, ich nicht, sagte ich, und dann begann meine Mutter wieder alleine auszugehen und an einem Morgen fand ich wieder das Badezimmer besetzt, während meine Mutter mit einem Frühstück für zwei in ihrem Schlafzimmer verschwand.

An meinem siebzehnten Geburtstag hatte sie darauf bestanden, dass ich mit ihr ins Sacher ging. Noch vor dem Kaffee hatte sie das erste Glas Champagner getrunken. Nach ihrem dritten Glas hatte sie mich gefragt, warum da keine Burschen waren in meinem Leben. Wenn du dich für Mädchen interessierst, sagte sie, ist es auch recht, ich hab damit kein Problem.

Mama, sagte ich, bitte.

Sie verzog ihr Gesicht. Ich heiße Eva, sagte sie und sah sich nach dem Kellner um, ist es so schwierig, sich das zu merken? Weil ich nichts darauf erwiderte, wiederholte sie ihre Frage. Du bist doch ein hübsches Mädel, sagte sie, wenn du dich noch ein wenig auswächst, könntest du eine Schönheit werden, doch, sagte sie, als ich die Augen verdrehte, das sage ich nicht als Mutter, das sage ich als Profi, ich habe genug Mädchen gesehen, du machst nur einfach zu wenig aus dir.

Sie musterte mich mit ihrem Kennerblick, den ich hasste, du hast eine gute Knochenstruktur, sagte sie, ich drehte den Kopf weg, als sie nach meinem Kiefer griff. Gute Zähne, gute Haare, ich bin kein Pferd, Mama, sagte ich, hör auf damit.

Warum du deinen Busen versteckst, verstehe ich nicht, fuhr meine Mutter fort, zieh dir einen BH an und zeig, was du hast, Männer wollen was sehen, Männer funktionieren über die Augen, merk dir das. Sie winkte dem Kellner und bestellte noch ein Glas Champagner.

Das interessiert mich nicht, Mama, sagte ich. Wieso soll ich mich herausputzen wie ein Zirkuspferd, für wen und wozu, das ist so lächerlich. Wenn ich mir die Mädchen aus meiner Klasse anschaue, sobald so ein Typ auftaucht, kennst du sie nicht wieder, das ist ein blödes Herumgetue, die sind doch alle sowas von daneben, sagte ich.

Daneben, wiederholte die Mutter, und was heißt das?

Das heißt, sagte ich ungeduldig, dass sie sich in hirnlose Idiotinnen verwandeln, in dumme Gänse, kuhäugige Zombies, das ist mir doch echt zu blöd. Und schau dich an, sagte ich, wütend, weil wir dieses Gespräch nicht zum ersten Mal führten.

Ja, sagte meine Mutter lauernd, was ist mit mir?

Nichts, sagte ich. Ich stopfte mir ein Lachsbrötchen in den Mund.

Hast du ein Problem damit, dass ich mir nehme, was ich will?, fragte meine Mutter.

Nein, sagte ich.

Hast du ein Problem damit, dass ich mein Leben so lebe, wie ich es will?

Nein, sagte ich.

Und dazu gehört, das kann dir ja nur schwerlich entgangen sein, auch ein erfülltes Sexualleben.

Ja, sagte ich. Klar, sagte ich. Ich hab kein Problem

damit, du tust, wie du willst. Aber lass mich tun, wie ich will.

Meine Mutter lehnte sich lächelnd zurück. Sie fuhr sich mit den Händen durch ihr langes Haar, das war kastanienbraun wie meines, mit einem rotgoldenen Schimmer darin, du wirst schon noch draufkommen, sagte sie.

Worauf?, fragte ich unvorsichtigerweise.

Wie gut das tut, sagte meine Mutter, ein guter Fick, sagte sie, vielleicht um sich dafür zu rächen, dass ich sie während des gesamten Frühstücks nie Eva genannt hatte. Ein Morgenfick, sagte sie und ihre Augen glitzerten, ein Abendfick, ein Nachmittagsfick.

Hör auf, sagte ich, ich kann das nicht hören.

Meine kleine prüde Tochter, sagte sie. Wie komme ich bloß zu einer so prüden Tochter?

Ich bin nicht prüde, sagte ich. Ich hasse es nur, wenn du so redest.

Woher plötzlich die Tränen kamen, weiß ich nicht, aber da saß ich, auf der Terrasse des Hotels Sacher, an einem Augustvormittag, bei einem Champagnerfrühstück mit meiner Mutter und weinte. Dass meine Mutter von mir weggehen würde, weil es da einen Morgenfick gab, einen Abendfick; für einen Nachmittagsfick würde sie gehen und mich im Stich lassen.

Tränen, sagte meine Mutter. Trink einen Schluck, das hilft. Mein Gott, sei froh, sagte sie, du kannst noch weinen und siehst dabei umwerfend aus. Deine Geburtstage, sagte sie und trank aus meinem Glas, erinnern mich immer daran, wie alt ich selber bin.

Ich wischte mir das Gesicht ab, ich putzte mir die Nase, wie ich so alt war wie du, sagte die Mutter, siebzehn, so jung, sagte sie, Herrgott bist du jung. Sie starrte mir ins Gesicht.

Ich hatte Träume, sagte sie, träumt ihr denn noch, ihr Jungen?

Eva, bitte, sagte ich, tu nicht so, als wärst du schon alt.

Ich habe an meine Träume geglaubt, fuhr meine Mutter fort. Ich wollte beides machen, klassisches Ballett und modernen Tanz, ich wollte eine Verbindung finden, anders, als es alle anderen vorher gemacht hatten, ich wollte eine eigene Schule erfinden, eine eigene Kompagnie gründen.

Aber das hast du doch gemacht, du hast –

Sie winkte ab. Zu spät, viel zu spät. Was weißt du schon. Eine Tänzerin ist mit fünfundzwanzig alt, wir sind uralt, die wir mit fünfunddreißig immer noch tanzen.

Meine Mutter war damals neununddreißig und ich fürchtete mich vor ihrem vierzigsten Geburtstag. Das stimmt doch nicht, sagte ich und nahm ihr mein Glas aus der Hand.

Mit zwanzig, sagte meine Mutter, sie winkte dem Kellner mit ihrem leeren Glas, war ich auf dem Sprung zu einer Weltkarriere. Die Breuer, hätte es heißen können, Paris, London, New York – ich hätte es mir aussuchen können, aber nein, ich hab mir was mit dem Herrn Professor anfangen müssen, ich hab ein Kind kriegen müssen, ich hab gemeint, ich muss

Ehefrau spielen in einer großen Villa. Natürlich sollst du deinen Beruf ausüben, hat der Herr Professor gesagt, aber er hat geglaubt, es reicht mir, als Dritte von links im Staatsopernballett zu tanzen, dreimal in der Woche, und ich hab noch nicht einmal das bekommen, noch nicht einmal Dritte von links im Staatsopernballett, nach deiner Geburt. Deine Geburt, sagte sie, und was danach kam, du hast ja keine Vorstellung.

Jetzt war es meine Mutter, die die Fassung verlor, gehen wir, sagte ich, es ist genug, Eva, ich zahlte, ich winkte einem Taxi. Es tut mir leid, sagte meine Mutter, als wir zu Hause waren, was bin ich für eine Mutter, am siebzehnten Geburtstag meiner Tochter, ist schon gut, sagte ich, es ist gut, leg dich hin.

Am Abend traf ich meinen Vater, der erzählte von Raubgrabungen in Ephesos, es ist ein Verbrechen, sagte er, was da alles am Schwarzmarkt auftaucht. Ein Verbrechen an der Wissenschaft, ein Verbrechen an der Stadt. Ich zuckte mit den Schultern, warum habe ich eine Mutter, hätte ich gerne gefragt, die jungen Männern nachläuft, die sie benutzen, oder die sie benutzt? Du hast das zugelassen, dachte ich, warum hast du das zugelassen, du hast uns gehen lassen, du hättest uns aufhalten sollen, das hättest du doch tun müssen. Weißt du noch, wie wir die Hanghäuser ausgegraben haben, fragte der Vater, nein, sagte ich patzig, weiß ich nicht, ich war da nicht dabei.

Freust du dich über das Geschenk?

Er hatte mir einen Zeichenkasten geschenkt, mit

Buntstiften, Kohlestiften, Kreiden, Fixierspray, Aquarellfarben, Acrylfarben, Mappe, Rahmen und Leinwand, du hast als Kind so gerne gemalt, sagte er, Herrgott, dachte ich, als Kind gerne gemalt, doch, sagte ich, ich freu mich.

Dann waren wir beide verstimmt und quälten uns durch eine Konversation, bis wir anständigerweise aufbrechen konnten. Beim Abschied tat mir der Vater plötzlich leid, er sah müde aus, ich ruf dich an, Professor, sagte ich, als hätte ich einen Vater, so war sein Lächeln. Ich spürte, da war ich schon zu Hause, noch immer die leichte Berührung seiner Hand auf meiner Schulter, als hätte ich einen Vater.

. . . . .

Soll ich zu dir kommen?, fragt Friedrich, nein, sage ich. Bist du sicher?, fragt er, ja, sage ich, wie war es im Bestattungsinstitut?, gut, sage ich, ich muss mich um nichts kümmern, das läuft wie am Schnürchen. Ich muss aufhören, sage ich, sehen wir uns morgen?, fragt er, vielleicht, sage ich, mal sehen, ich muss jetzt aufhören.

Im Umschlag, den mir die Frau Pölzinger gegeben hat, war ein gebundenes Buch, Notizbuch, in Quart, der Vater hat gerne in Quart geschrieben. Die gleichmäßige Schrift des Vaters auf dem Umschlag, seine gleichmäßige Schrift, als ich das Buch aufgeschlagen habe. Anlässlich meines Todes, hat der Vater geschrieben, das sind die ersten Worte auf der ersten Seite.

Was willst du?, sage ich, ich lege das Notizbuch weg, was geht das mich an, was soll ich damit?

Ich stelle mich unter die Dusche, ich lasse das heiße Wasser rinnen, Wasser, sagt mein Vater, ist ein kostbares Gut und soll auch so verwendet werden, geh weg, sage ich, lass mich in Ruhe.

Im Kühlschrank sind Eier, Schinken, ich mache mir eine Eierspeise und setze mich damit vor den Fernseher. Sollte ich nicht, denke ich, und die bunten Bilder flirren über den Schirm, irgendetwas fühlen, weil mir übel ist von den bunten Bildern, kippe ich die Eierspeise in den Mistkübel. Im Wohnzimmer plärrt es aus dem Fernseher, ich öffne eine Flasche Wein, ich trinke, wie durstig, ein Glas.

Wein trinkt man zum Genuss, sagt der Vater, Trinkkultur, sagt der Vater, das geht dich nichts an, sage ich, du bist tot. Eben, sagt der Vater, nein, sage ich, nur weil du tot bist, musst du nicht glauben, dass das etwas ändert zwischen uns, das ändert gar nichts, hörst du, gar nichts ändert das. Für mich, das sage ich sehr laut, für mich bist du schon lange tot gewesen, und ich für dich, was soll das also ändern?

Du bist betrunken, sagt der Vater, na und, sage ich, und du bist tot.

Betrunkene Frauen, sagt der Vater, widerlich. Es sind ja, sagt der Vater, Blödsinn, sage ich, aber der Vater insistiert, betrunkene Frauen sind ja noch abstoßender als betrunkene Männer, vollkommener Blödsinn, sage ich und schwenke mein Glas, glaub es oder glaub es nicht, sagt der Vater, du bist tot, sage ich und trinke, wie durstig.

Widerlich, sagt der Vater, ich klappe den Laptop auf. Ich muss, sage ich, ich muss die Zeit aufholen, das verstehst du doch, die Zeit, die mich der Besuch im »Elysium« gekostet hat, bei deiner Frau Pölzinger, die Zeit muss ich aufholen, du bist betrunken, sagt der Vater.

Du hast mich einen Nachmittag gekostet, sage ich, wir sind mitten in einem Projekt, das Projekt ist wichtig, der Kunde ist wichtig, das verstehst du doch. Mit Hingabe, ich lache, hast du das nicht immer gesagt, mit Hingabe seine Arbeit machen, das ist unabdingbar, wozu, habe ich dich gefragt, wozu un-ab-ding-bar? Um glücklich zu sein, hast du gesagt, und das stimmt, sagt der Vater, das weißt du.

Ja, sage ich, das weiß ich, wie glücklich uns deine Hingabe gemacht hat. Ich muss jetzt meine Arbeit machen, sage ich, damit ich glücklich werde, das ist es doch, was ein Vater für seine Tochter will, un-ab-ding-ba-res Glück. Du bist betrunken, sagt der Vater, verschwinde, sage ich, und tatsächlich, er verschwindet, und ein Rauschen ist in der Luft wie von Flügeln.

. . . . .

In Ephesos war einer, Jan, mit dem durfte ich eine Woche lang vermessen. Das war noch, bevor Hubert wichtig geworden ist, Hubert, der mein Freund gewesen war. In Ephesos aber war ich für ihn unsichtbar. Dass er mich nicht kennen wollte, das kränkte mich, und ich verstand es auch nicht. Hubert, dem es das Gesicht verzog, wenn er mich jetzt sah, das Zucken in seinem Gesicht und der Spott, und er war doch einmal mein Freund gewesen.

Von außen nach innen, hat Jan gesagt, von der Oberfläche in die Erde hinein, aber nicht blind. Man sieht ja von außen in die Erde hinein, hat er gesagt, es gräbt ja heute keiner mehr auf bloßen Verdacht hin, heute wissen wir meistens, was wir finden werden. Wenn du wissen willst, was in der Erde liegt, gehst du erst einmal das Gelände ab und suchst nach Auffälligkeiten, nach Unregelmäßigkeiten, das können Hügel sein, Mauerreste, Senken, feuchte Stellen, trockene Stellen. Die Oberfläche sagt dir, was darunter ist, ob wo unterirdisch vielleicht Mauern liegen oder Gräben, da wächst das Gras niedriger oder höher, je nachdem, dazu kommen geomagnetische Untersuchungen und Bilder aus der Vogelperspektive, der Blick aus der Nähe, der Blick aus der Ferne, die ergänzen einander. Siehst du, er zeigte mir eine Luftaufnahme, das war 1960, die Kugeln hier, das sind Pfirsichbäume, und hier, siehst du das? Da waren dunkle Linien auf der Luftaufnahme und auf einem Bild, das er darüberlegte, sah ich Rechtecke mit Punkten darin. Die Römer, sagte Jan, haben ihre Städte auf dem Reißbrett geplant, hier und hier, siehst du, das sind Wohneinheiten, Straßen, was kann das also sein, ein Rechteck mit Punkten darin, ein zentraler Ort inmitten der Stadt, Prüfungsfrage. Ein Tempel, sagte ich, er nickte und seine Augen blitzten blau, und noch einer, siehst du, auf der anderen Seite der Straße, ich zeige es dir, wenn wir vorbeifahren, da sieht man in den Feldern die Hügel, unter denen sie liegen.

Und warum gräbt man die nicht aus, wenn man es weiß, was es ist?, habe ich gefragt.

Das mit dem Graben, antwortete er, das weißt du doch sicher von deinem Vater, sieht man heute auch anders als früher. Es ist ja jede Ausgrabung eine Zerstörung, die Archäologie ist eine zerstörende Wissenschaft. Was du weggeschaufelt hast, ist weg, unwiederbringlich, du kannst nie wieder nachschauen, was in den Schichten war, die du entfernt hast. Wir sind heute, sagte er und packte die Karten und Pläne und Aufnahmen weg, wir sind heute entsetzt darüber, wie Wood und Hogarth gegraben haben, gerade runter bis zur römischen Stadt, alles andere ist verloren. Die frühen österreichischen Ausgrabungen auch, tonnenweise Vergangenheit in Loren entsorgt, die haben eine eigene Bahntrasse gehabt, die haben einfach alles weggeschaufelt, was sie nicht interessiert hat. Noch in den Siebzigern, sagte er, die Hanghäuser, da sind sie mit einem Bagger drübergegangen, heute würde man das anders machen. Heute ist die vollständige Ausgrabung auch nicht von vornherein das Ziel, es sind die Dinge unter der Erde besser geschützt.

Aber es ist doch gut, sagte ich, oder nicht, dass wir das heute alles sehen können, Ephesos, die Tempel, das Theater, die Hanghäuser, die Bibliothek, oder nicht?

Heute, hat Jan gesagt, würde man es anders machen.

Später hat er es mir gezeigt, Bröckelndes, Verwitterndes, Gräser in den Häusern und Triebe von Feigenbäumen und Vogelmist, Katzenmist, Mäusemist, die Spinnweben in den Ecken und wie die Feuchtigkeit den Putz an den Wänden mürbe macht, und die Schlupfwespen bohren Löcher in die Ritzen zwischen den Steinen, was die Zeit macht, Verfall im Verfallenen.

Jeden Morgen, eine Woche lang, bin ich im Jeep mit Jan vom Grabungshaus nach Ephesos gefahren, die Fenster waren offen und ich streckte meine Hand in den Fahrtwind. Bei einer Restaurantanlage, rote Plastiksessel, rote Plastiktische, darunter liegt ein Teil der Stadt, hat Jan gesagt, bogen wir von der Schnellstraße ab, »Efes« stand weiß auf grün auf Hinweistafeln und die Blätter der Pfirsichbäume glänzten in der Morgensonne. Ich hielt Ausschau nach den Hügeln links und rechts der Straße, unter denen Tempel lagen, das weiß keiner, dachte ich, der hier vorbeifährt.

Beim Grabungsgelände angekommen stieg ich aus, ich schob das eiserne Gatter auf, schloss es wieder, die Sonne war schon warm, aber in den Schatten war es kühl. Wir rumpelten vorbei an den Thermen, die Wildnis, die dort war. Streunende Hunde begleiteten uns, ein Esel querte den Weg. Wenn wir jemanden beim Theater absetzten, bogen wir in die Arkadiane ein. Jan grinste, weil er meine Verzückung sah, mit einem Jeep über marmorne Straßen fahren. Das Theater lag grau und groß, wie in einem Schatten, Jan hupte. Ich winkte dem Team zu, das im Morgenlicht stand, der Vater hob die Hand, wir fuhren über eine rumpelige staubige Straße zum Parkplatz hinter den Hanghäusern. Ich schnaufte vor Begeisterung, als ich ausstieg und die Stadt unter mir lag.

Hanghaus 2, Wohneinheit 7, da haben wir mit der Vermessung begonnen. Wir kletterten über die Touristenabsperrung und stiegen eine steile Holztreppe hinunter, tauchten in ein mürbes Licht, die Steine und Wände schimmerten sanft. Auf dem Marmortisch, der in der Mitte des Hauptraumes stand, die eingeritzten Spielfelder entzückten mich, breiteten wir unsere Sachen aus, die Wasserflaschen, meine Fototasche, Jans Arbeitstasche, einen Notizblock, sein Feuerzeug, seine Zigaretten, Unordnung am heiligen Ort, so war das, Leben in vergangenen Räumen.

Grundlagen der Vermessung, sagte Jan, Punkte im Raum, und zeichnete mir auf einem Zettel die x- und y-Achse auf, andersrum, sagte er, weil. Situierung im Raum, sagte er, das größere Bezugssystem, Zuordnung von Vermessungspunkten. Polarmessung, Winkel und Weg, Sinus und Cosinus, der Tachymeter, sagte Jan, macht das für uns. Erdkrümmung und Schwerkraft und Abweichungen, mir schwirrte der Kopf, Lesarten von Räumen und Zeiten. Dass sich die Vermessung in der Zeit abspielte, in der Zeit und im Raum, wie ein Strahl ausgeschickt wurde, und die Zeit, die er brauchte, um zurückzukehren, und aber, dachte ich, der Strahl geht ja viel weiter zurück in der Zeit, als wäre ich ganz nah an einem Geheimnis, so war das immer in der Woche mit Jan. Unschärfekonstanten, notierte ich mir am Abend, Unschärfeparameter, Punktwolke.

Bereit?, fragte Jan schließlich, ich nickte. Sündteures Gerät, sagte er noch einmal, als er mir erklärte, wie ich den Tachymeter bedienen sollte. Anfangs brauchte ich noch den Laserstrahl, um die Vermessungspunkte, Klebemarken mit schwarzen Kreuzen auf weißem Grund, die waren schon an den Wänden, um diese Punkte anzupeilen, aber nachdem wir ein paar Stunden gearbeitet hatten, schien es mir, als würden mir die Punkte zufliegen, du bist schnell, sagte Jan, du machst das gut.

Den Punkt fixieren, scharf stellen, den Punkt ins Kreuz einpassen, abdrücken, schwarze Kreuze auf weißem Grund. Manchmal stellte ich um auf Zweifachmessung, dann peilte ich zuerst die Mitte von Jans Daumen an, dann den Kreuzmittelpunkt, das Gelb und das Rot der Wände, stierblutrot. Zu einer bestimmten Zeit, am frühen Nachmittag, legte sich manchmal wie ein Schleier die Luftfeuchtigkeit über die Wände. Ich konnte die Punkte, die Kreuze auf den Klebemarken nicht mehr sehen, warte, sagte ich, die Wände verschwammen mir im Blick durch den Tachymeter. Von unscharf auf scharf stellen, aus dem Grau, dem schlierigen Weiß, einem körnigen Grün leuchtete das Blau von Jans Hemd, sein Unterarm, ich wusste wieder, wo ich war.

Einmal, Jan stand in einer Nische, um mir den nächsten Punkt anzuzeigen, habe ich ihn verloren, auf der großen Fläche, die die Nische war, wenn ich sie mir durch den Tachymeter heranzog, ich habe ihn verloren und nicht wiedergefunden. Ich dachte nicht mehr daran, dass ich den Laserstrahl benutzen konnte, ich irrte mit dem Blick durch den Tachymeter über die mattgelbe Wand, aber da war niemand, ein Schwindel überkam mich, wie war das möglich, ein Taumel, dass ich Jan, der so groß in der Nische stand, die ich mir heranzog, dass ich ihn nicht mehr wiederfinden konnte. Ich hab dich verloren, rief ich, ehrlich, und sah Jan entsetzt an. Nimm den Laserstrahl, sagte er, und der rote Punkt fixierte ihn mir, aber bis zum Abend zitterte etwas nach. Wie war es möglich, dass man mit dem Blick des Vermessers jemanden verlieren konnte.

Die Wände, der Boden, die Nischen, der Verputz und was zwischen den Steinen war, die Fresken, die Blumen und Vögel, ein Rot war an den Wänden, ein mattes Gelb. Brandschichten, Versturzwände, Schwellen Bodenkerben, erzählten mir die Zeit und den Raum. Ein kleiner Vogel mit langen spitzen Schwanzfedern, wie rötlich war sein Gefieder, und das spitze Häubchen auf seinem Kopf ragte verwegen nach hinten, der schlüpfte durch die Löcher in der Mühlenwand und guckte mit schiefgelegtem Köpfchen auf unser Tun. Den Punkt fixieren, den Punkt ins Kreuz einpassen, abdrücken, die Mitte eines Daumens, der Kreuzmittelpunkt, noch heute erinnert sich etwas in mir an das Hanghaus 2, Wohneinheit 7, an das Schrillen der Zikaden, den Flug eines Vogels und ein helles Glück.

. . . . .

Bist du, denke ich, ohne dass ich es will, ich stehe in der Straßenbahn, ich habe zu viel getrunken am Vorabend und statt an meinem Projekt zu arbeiten, habe ich mich auf die Seite des Österreichischen Archäologischen Instituts verirrt, bist du, denke ich, es regnet und die Kleidung der Fahrgäste dampft, bleiche, blasse Blumen mit violetten Blättern, die asphodelischen Felder, bist du jetzt dort? Hast du, aber das hast du nicht, ein gleichgültiges Leben geführt, das hast du nicht, und plötzlich ist mein Gesicht nass und ich muss aussteigen, weil mich ein Schluchzen schüttelt, ohne dass ich es will.

Hades, höre ich die Stimme meines Vaters, er streicht über das Bild eines bärtigen Mannes. Hades hat viele Namen, so viele Namen, wie es Ängste gibt. Adámastos, sagt mein Vater, der Ungebändigte, Ameílichos, der Raue, Pelórios, der Ungeheure, der Furchtbare, Stygerós, der Abscheuliche, Aídelos, der Unsichtbare, Apótropos, der Abgewandte, Mélas, der Schwarze, Hénnichos, der Nächtliche, Phónios, der Mörderische. Etwas geht über das Gesicht meines Vaters, eine Abwesenheit, eine Konzentration, er lächelt, als er sieht, dass ich mir die Namen wiederhole.

Stygerós, sage ich, der Abscheuliche.

Er ist ein strenger, unerbittlicher Gott, sagt der Vater. Das muss er sein, er ist der Herrscher in einem schaurigen, öden Reich, aus dem keiner je zurückgekommen ist.

Keiner?, frage ich.

Keiner, sagt er.

Wieso?, frage ich. Wenn es einen Weg hinein gibt, dann muss es auch einen Weg heraus geben, oder nicht? Charon, sage ich, muss ja wieder zurückfahren, vom Totenufer zum Ufer, wo die Lebenden warten, also die Lebenden, du weißt schon, die, die gerade aus dem Reich der Lebenden kommen. Wenn das Boot leer ist, dann könnte er ja jemanden mitnehmen, ich, sage ich, ich wüsste schon, was ich täte.

Was tätest du?, fragt mein Vater.

Ich nähme, sage ich, mehr als eine Münze mit und damit würde ich ihn dann bestechen. Dann würde ich zurückkommen und so könnte ich das immer machen. Wenn ich hier sein wollte, könnte ich hier sein, und wenn ich dort sein wollte, würde ich dort sein, du musst nur immer schauen, dass du genug Münzen dabei hast. Glaubst du nicht, dass das so gehen könnte?

Nein, sagt mein Vater und sieht düster aus.

Warum nicht?

Weil das Leben nur in eine Richtung geht und der Tod ist endgültig. Du kannst das Leben nicht zurückdrehen, nicht um eine einzige Minute.

Ich versuche mir auszumalen, wie man es anstellen sollte, das Leben zurückzudrehen. Wenn wir einfach dasselbe tun wie gestern, denke ich, wenn wir dasselbe tun wie vor einer Minute, genau dasselbe, will ich sagen, aber ich weiß, dass es nicht so einfach sein kann. Mein Vater beobachtet mich, vielleicht kann er meine Gedanken lesen, das ist nicht schlimm, sagt er schließlich, wäre es nicht schrecklich langweilig, wenn wir immer das wiederholen müssten, was schon da war?

Aber, sage ich, wenn es nicht schlimm ist, wieso will dann niemand sterben, das will doch niemand, oder? Wieso ist Hades dann der Abscheuliche, der, ich versuche mich zu erinnern, der Mörderische, der Furchtbare?

Die Etymologie des Wortes »Hades«, sagt mein Vater, die Lehre von der Herkunft des Wortes, er wiederholt noch einmal, E-ty-mo-lo-gie, die Herkunft des Wortes ist unklar. Man nimmt an, dass der Name auf eine Wurzel mit der Bedeutung »unsichtbar« zurückgeht, er wäre also der Unsichtbare oder der unsichtbar Machende, und das ist so, der Tod macht die Toten für die Lebenden unsichtbar. Aber vielleicht, sagt er, und jetzt lächelt er wieder, vielleicht sind wir zwar unsichtbar, aber immer noch da.

Wenn du einmal, sage ich, aber da schnappt mich meine Mutter, was du dem Kind wieder erzählst, Himmel und Hölle. Das hat nichts mit Himmel und Hölle zu tun, sagt mein Vater verärgert, Zeit fürs Zähneputzen, sagt die Mutter und zieht mich ins Badezimmer.

Bist du, denke ich, und der Regen schlägt mir ins Gesicht, bist du dort, hast du ihn gesehen, den Unerbittlichen, bist du unsichtbar jetzt, wo bist du? Würdest du denn, denke ich, bei mir sein wollen?

. . . . .

Es war heiß und windig, als ich in Izmir ankam. Mein Vater redete zu viel und zu fröhlich, schön, dass es endlich einmal geklappt hat, sagte er, als hätten wir es seit Jahren versucht.

Deine Mutter sagt, du sollst dich bei ihr melden. Ich hasste ihn, wenn er sagte, deine Mutter hat, deine Mutter ist, wie geht es deiner Mutter.

Wozu, fragte ich, was will sie von mir?

Wissen, wie es dir geht, der Vater runzelte die Stirn. Wie es mit der Matura war.

Sie weiß genau, wie es mir geht, sie soll nicht so tun. Und du hast es ihr gesagt, nehme ich an, wie es war mit der Matura, also weiß sie ja alles, was es zu wissen gibt.

Ich starrte, fest entschlossen, nichts zu sehen, blicklos aus dem Autofenster, Landschaft, Dörfer, kleine Städte, grüne Ebenen mit Bergen dahinter, Berge, dachte ich, Dörfer, was tu ich hier? Esel, die Lasten trugen, ich sollte in Seattle sein oder in Detroit, in Chicago, ich sollte zwischen Wolkenkratzern sein, zwischen Glastürmen und Stahlbetonbauten, sie hatte es mir versprochen. Vagabundieren, hatte sie gesagt, du und ich, kreuz und quer durch Amerika. Die Amerikaner, die mir meine Mutter vorgestellt hatte, waren fröhliche, laute, neugierige Menschen gewesen. Meine Mutter entspannte sich in ihrer Gegenwart, das mochte ich, als müsste sie sich nicht anstrengen, ich bin im falschen Land geboren, hatte sie einmal gesagt, wieso bin ich in einem so alten Land geboren?

Dass du nicht im Grabungshaus wohnen kannst, sagte mein Vater, hat dir das deine Mutter gesagt?

Ich zuckte die Schultern.

Du musst auf der Liste sein, wenn du ins Grabungshaus willst, das ist kein Hotel, das ist ein Arbeitsbereich, dazu brauchst du ein entsprechendes Visum. Der Kommissar muss Bescheid wissen, die türkischen Behörden verlangen diese Liste im Herbst, ich möchte da auch keine Ausnahmegenehmigungen, verstehst du das?

Er sah mich von der Seite an, ich starrte aus dem Fenster.

Du wohnst im Hotel, das ist nur fünf Minuten vom Grabungshaus entfernt, es gibt einen kleinen Pool, du wirst dich dort wohlfühlen, du wirst sehen.

Wir fuhren durch ein Dorf, Minarette, der Vater, erinnerte ich mich, hatte mir, wenn er aus Ephesos zurückkam, vorgesungen, wie die Arbeiter, wie die Muezzins sangen, etwas pochte mir in den Schläfen.

Das macht dir doch nichts?, fragte mein Vater. Ich bin nicht weit weg und du kannst jederzeit ins Grabungshaus kommen. Du kannst dort essen, du kannst tagsüber dort sein, du kannst mit uns nach Ephesos fahren, das ist alles mit dem Kommissar abgesprochen, er drückt ein Auge zu, aber übernachten, das geht nicht. Es wäre auch gar kein Platz, das kannst du dir ja vorstellen, wir sind die meiste Zeit ziemlich voll, das macht dir doch nichts?

Ich bin achtzehn, sagte ich jetzt doch, ich bin kein Baby mehr.

Du bist schon achtzehn?, fragte mein Vater, ich hätte geschworen, du bist siebzehn.

In vier Wochen werde ich achtzehn, das ist ja jetzt wirklich schon gleichgültig. In Wien fragt mich kein Mensch, ob es mir etwas ausmacht, wenn ich wochenlang alleine bin, also was soll das jetzt?

Mein Vater holte Luft, sagte aber nichts. Wir fuhren weiter auf Berge zu, die sich am Horizont erhoben, das sind Pfirsichplantagen, sagte der Vater und deutete nach links und nach rechts, hast du schon einmal Pfirsichbäume gesehen? Die brauchen viel Wasser, sagte er, früher haben sie hier auch noch Olivenbäume gehabt, Feigen, aber Pfirsiche bringen mehr. Allerdings geht das auf den Grundwasserspiegel, und wenn sie weiter das ganze Land in Pfirsichplantagen umwandeln, wird sich das irgendwann nicht mehr ausgehen mit dem Wasser, heuer, sagte er, hat es ungewöhnlich wenig geregnet.

Ich bohrte mir die Fäuste in die Schläfen. Ich sollte in L. A. sein, in San Francisco, stattdessen saß ich in einem klapprigen Jeep, fuhr durch Pfirsichplantagen und hörte meinen Vater über das Wetter reden.

Normalerweise steht das Artemision unter Wasser, sagte er, und wir arbeiten mit Pumpen, wenn wir dort graben, das was?, fragte ich, um ihn zu kränken, das Artemision, sagte er leise.

Kurz vor Selçuk räusperte er sich, der Strand ist nicht weit weg, sagte er, es gibt Busse, die fahren regelmäßig, in einer Viertelstunde bist du am Meer. Oder vielleicht möchtest du, dann müsste ich ein Zimmer reservieren, an einem Wochenende nach Kusadasi fahren, da kannst du, wenn es das ist, was dich interessiert, einkaufen, ausgehen, da gibt es, nehme ich an, Discos, ein Nachtleben.

Ich zuckte die Schultern, dann hielten wir, wir sind da, sagte der Vater.

Der Vater war ins Grabungshaus zurückgegangen, ich muss erst Koffer auspacken, duschen, ich hab jetzt keine Lust, hatte ich gesagt, als er mir den Weg zeigen wollte. Dann hol ich dich am Abend ab, ich hatte die Schultern gezuckt und er war schließlich gegangen. Der Pool im Garten des Hotels war klein, das Wasser war zu warm, Amerika, dachte ich, ich hätte in

Wien bleiben sollen, dort hätte ich wenigstens die alte Donau und den Schatten der Bäume gehabt.

Als ich die Sonne nicht mehr ertrug und die Hitze, und nicht mehr das Kreischen der Kinder und die Unterhaltungen der Erwachsenen, die rund um den Pool lagen, ging ich auf mein Zimmer, das war schmal, ein Bett stand darin, ein Kasten, ein Tisch. Das Fenster zeigte auf den Hof mit dem Pool, an der Mauer um den Garten rankten sich, violett und orange, großblütig, Gewächse und Rosen, die schwankten, obwohl kein Wind war. Ich schloss die Fensterläden, aber die Stimmen der Kinder konnte ich nicht ausschließen. Drei Monate, dachte ich, warum war ich nicht in Wien geblieben? Ich stand auf und ging hinaus.

Ich verließ das Hotel, ich folgte der Straße nach rechts, da war ein großes Gebäude, hohe, glatte, steinerne, fensterlose Wände, Steintreppen, die in einen Innenhof führten. Ein Brunnen war im Hof, ein paar Olivenbäume. Ich wusste nicht, wie man eine Moschee betrat, also blieb ich im Hof. Das Licht fiel golden auf den schimmernden Stein und fing sich im silbrigen Flirren der Bäume. Später sang ein Muezzin, lange. Dann ging ich wieder hinaus und eine Straße entlang, eine Säule stand im Grün. Das Artemision, dachte ich, und Tränen schossen mir in die Augen.

. . . . .

Einmal mit fünf, da hatte ich ein großes Fieber. Es war spät im November, ich war den ganzen Nachmittag draußen gewesen. Ich hatte Häuschen aus Moos und aus Steinen und Holz gebaut, unter dem letzten leuchtenden Rot der Buchen hatte ich getanzt, wie es Mädchen tun. Ich hatte etwas gesehen, nicht gesehen, das huschte und schwirrte, immer am Rand, wo ich es nicht wissen konnte, huschte und schwirrte es im Unterholz, in den Kronen der Buchen, im Laub, das rot unter meinen Füßen raschelte. Dann war die Sonne verschwunden, der Himmel hatte sich violett gefärbt, eine Traurigkeit war in dem Mädchen, das ich war. Es fröstelte mich und die Linden und Buchen standen fremd. Ich hielt ganz still. Das aushalten.

Im Haus knarrte und knackte es, ein Ticken war im Holz, sanfter Staub, der in den schweren Vorhängen schlummerte. Bilder hingen an den Wänden, die hatten Risse, und dahinter war ein Anderes, das sickerte in die Welt. Am Kaminsims, auf einem glänzenden Tisch lachten Gesichter, die ich einmal gekannt hatte, einer anderen zu, nicht mir. Ein Loch war in der Welt, da hinaus war etwas verschwunden, ein warmer Atem, ein Lied, Wolle und Leder, feuchte Arme und der Duft von Zitronen. Eine große Traurigkeit quoll in die Welt, wie zum Hohn lachten die Gesichter. Vögel, bunte, die in Blumenranken schillerten, flogen keckernd in die Schwärze. Paläste und Kirchen und Plätze und Straßen und Brücken, Boote mit Körben voll Früchten, ein Gewimmel von Menschen, zierlichen, mit zierlichen Schühchen und Häubchen, mit Hündchen und Kätzchen und Äffchen, ein Einhorn, all das verschwand, sich tummelnd, in die Schwärze. Eine Alte, die saß, die Röcke gebauscht, im Boot, die wackelte mit dem Kopf und deutete mir mit dem Finger. Golden gebläht steuerten Schiffe, der Wind fuhr die Segel weiß und weit auf und an der Uniform des Admirals blinkten blau die Knöpfe, brausend steuerten die Schiffe in den schwarzen Sog.

Wie trunken stürzte sich das Sofa nach mit seufzenden Federn, von den Wänden lösten sich blau und grün, ein dunkles Rot und mühlengelb, Tapeten. Rosa auf schneeweißem Grund hüpften Teller und Schüsseln und Schalen und knarrend, mit klapperndem Deckel, rollte das Klavier, hoch oben schwang ein Luster. Und wie sie sich in den Abgrund stürzten, der außerhalb der Welt war, eins nach dem andern, ins brausende, schwarz aufschäumende Verderben, legten sich bleich die Schatten der Bäume wie Gespensterarme auf mich.

Ich floh. Die Tür zur Bibliothek meines Vaters war nur angelehnt, ich hab Hunger, wollte ich dem Vater sagen, weil ich nicht begriff, was passiert war. Ich mach dir einen Grießbrei, würde er sagen, süßer Grießbrei mit goldgelben Butterflocken und Schokolade und puderweißem Zucker, der Brei würde die Welt zurückholen, aber der Vater war nicht da, er war in die Schwärze gestürzt. Im Licht, das auf den Tisch fiel, glänzte etwas. Rundum war ein Dunkel, ich ging, es war kalt, schien mir, durch das Dunkel, das Lichtlose, als fänden meine Füße keinen Grund, die Stille in meinem Kopf dröhnte. Ein Laden klapperte gegen die Hausmauer. Der Stuhl, der vor dem Schreibtisch meines Vaters stand, ein alter Stuhl mit Löwentatzen an den Stuhlbeinen, in die Armlehnen waren Muster geschnitzt, die zog ich, wenn ich bei meinem Vater saß, mit den Fingern nach, Einkerbungen, Erhebungen, Rosenmuster und Lianen, ich fand die Muster nicht. Ich kletterte auf den Stuhl, der schwankte wie ein Schiff auf hoher See, das brüchige Leder der Sitzfläche war rau unter meinen Fingern. Ich kniete mich auf die Sitzfläche und zog, etwas gischte auf, herb, zog den Stuhl und mich näher an den Tisch heran. Und dann sah ich es, was im abgezirkelten Licht der Lampe lag.

. . . . .

Fritz sagen seine Eltern, seine Brüder zu ihm, Friedrich die Arbeitskollegen und Freunde, ich kann mich nie entscheiden. Friedrich, was ist das für ein Name, dachte ich, als er sich mir vorgestellt hat vor drei Jahren. Friedrich oder Fritz, wenn wir uns lieben, ich weiß nicht, wie ich ihn rufen soll. Aber, denke ich, wenn ich wieder ruhig bin, es soll ihn kein Name an mich binden.

Komm zu mir, hat er am Telefon gesagt, du solltest nicht allein sein jetzt, du kannst bei mir schlafen. Und vielleicht hat er recht, und es wäre gut, bei ihm zu sein, sein gutes Gesicht zu sehen. Dass er ein gutes Gesicht hat, seit wann weiß ich das?

Weil es aber nicht geht, treffen wir uns schließlich zum Essen in einem Lokal, ich esse nicht viel, ich trinke zu schnell, der Wein ist rot und erinnert mich an etwas, wie mich alles an etwas erinnert, seit mich die Mutter angerufen hat. Wie geht es dir?, fragt Friedrich, wie war es im Bestattungsinstitut, kann ich dir helfen?, fragt er, gut, sage ich, nein. Hast du deinen Vater gesehen?, fragt er, ich schüttle den Kopf, nein, sage ich, er liegt woanders. Ich rede über mein Projekt, ich komme zu nichts, sage ich, ich kann doch jetzt nicht alles liegen lassen. Ich gehe dann bald nach Hause, ich hätte gar nicht kommen sollen. Ich ruf dich an, sage ich und gehe.

Ich kenne Friedrich seit drei Jahren, fast genau so lange schlafen wir miteinander. Manchmal bleibe ich bei ihm über Nacht, wenn ich gehen muss, gehe ich. In meiner Wohnung ist er vielleicht zehn Mal eine Nacht bis zum Morgen geblieben.

Ich habe ihn auf dem Fest einer Kollegin kennengelernt, ein Netter, hat die Kollegin gesagt, ein ganz Lieber, nett und lieb, habe ich mir gedacht, wer braucht das. Es hat mich aber geärgert, dass er so offensichtlich kein Interesse an mir hatte. Wir haben ein paar Sätze gewechselt, Meeresbiologe, Architektin, der Bau künstlicher Korallenriffe, intelligentes Design, pseudomuskuläre Materialien, Expertensysteme, an der Intelligenz des Menschen, sagte er, ist aber doch immer wieder zu zweifeln.

Eine Woche später habe ich ihn angerufen. Warum, wenn dir nichts an ihm liegt?, hat die Kollegin gefragt, ich habe die Schultern gezuckt, muss man es denn immer wissen? Ich musste meinen Namen wiederholen, musste ihm sagen, wir haben uns bei Nadja getroffen. Ihn aus seiner Ruhe bringen, vielleicht wollte ich das. Ich möchte die Aufnahmen von den Riffen sehen, so, hat er gesagt. Ich habe einen Termin bekommen, ich erkannte ihn nicht gleich, als er mich begrüßte. Dass er abrückte, wenn ich nahe bei ihm stand, auch das hat mich gereizt. Er hat mir das Material erklärt, das er vorbereitet hatte, wir könnten ja mal essen gehen, habe ich gesagt, er hat gezögert. Wir waren ein paarmal essen, ich war mir nie sicher, ob es angenehm war oder langweilig mit ihm. Es ärgerte mich aber, verunsicherte mich auch, dass er so offensichtlich kein Interesse an mir hatte. Als wir das erste Mal miteinander geschlafen haben, war ich vom Ausmaß seines Begehrens überrascht.

. . . . .

Der Vater hat mich am Schreibtisch gefunden, zusammengesunken über dem Bild der Göttin. Du hast geweint, hat er später gesagt, du warst ganz heiß, wir haben solche Angst gehabt.

Die Abwesenheit von allem. Als ich aufwachte, waren da Gesichter, Stimmen, jemand flößte mir etwas ein, jemand wusch mich, das war nicht wirklich. Mein Körper brannte, innen und außen, die Nässe, die aus meinem Körper kam, dass ich Durst hatte, dass ich Schmerzen hatte, dass mich ein eisiges Feuer verschlang, das war nicht wirklich. Nur die Schwärze war wirklich, in die ich fiel. So süß, so lockend, dass ich nicht sein musste.

Da war ein Rad, das sich drehte, ein kreiselndes Feuerrad. Ein Atem, der mich versengte, und etwas vibrierte, das war sehr groß. Aus dem Rad sprangen Tiere, Hirsche, Gazellen und Löwen. Die Schöne, die Bärin, und Vögel mit Klauen und Brüsten, goldene Bienen schwärmten im kreiselnden Feuer. Ein Ton kam aus dem Feuer, das Rauschen von Pfeilen. Ungetrennt war, allvermischt, was aus dem Rad sprang. Stierleiber mit Männerkörpern, Frauenbrüste und Löwenkörper, ein Schlangenschwanz und ein Stachel, der sticht. Ein geschuppter Leib, sich ringelnd, aber Frauenarme, eine Männerbrust. Die Pranken einer Löwin auf meinem Leib, ihr heißer Atem, und wie es pulsierte unter dem sandfarbenen Fell. Der Leib der Löwin, die Brüste der Frau, der Hirschkuh, der Gazelle, etwas Großes, das ich nicht sah, drückte mich an den Leib der Löwin, ein heißer Atem, und süß und herb war, was aus den Brüsten rann.

Schön und schrecklich dann, von Früchten und Blumen gekränzt und umrauscht von Pfeilen, die Hörner des Widders, das Hirschgeweih, die Zähne des Ebers bohrten sich mir ins lebendige Fleisch. Früchte und Blumen, und was den Körper zusammenhielt und zerriss, ich saugte an Brüsten, was schwang und schwebte, vibrierte, schrecklich und schön.

In einem Rauschen wie von Flügeln, von Pfeilen, kommt die Flügellose. Aus dem Wasser steigt sie, aus dem Meer und dem Fluss, dem Sumpfwasser, groß und schrecklich und schön und alt und jung, schaumgeboren, die Große, Alte, die Mutter, grimmig. Die Erde bricht auf unter mir, was unter der Erde ist, der Tod, braust, ich hänge an ihren Brüsten, oben und unten wirbeln in einem samtenen Dunkel Sterne.

Aufgereizte kindliche Phantasie, hat der Arzt gesagt. Zu viel Fernsehen, sie braucht jetzt viel Ruhe.

Weil du, hat die Mutter zum Vater gesagt, dem Kind Sachen erzählst, die es noch nicht verstehen kann. Weil du ihr diese schrecklichen Geschichten erzählst, siehst du denn nicht, was du angerichtet hast? Du wirst damit aufhören, alle diese Geschichten, ich will nichts mehr davon hören.

Als wir wieder allein waren, hat sich der Vater zu mir gesetzt. Er hat mir die Hand auf die Stirn gelegt und gelächelt. Du hast die Göttin gesehen, hat er gesagt. Die Göttin hat dich angeschaut.

Erzähl mir von ihr, habe ich gesagt.

. . . . .

Hubert war der Lieblingsstudent meines Vaters gewesen. Ich war fünf, ich war sechs, jeden Mittwoch und manchmal an Samstagen ist Hubert zum Vater in unsere Villa gekommen, ich war zehn und immer noch sah ich ihn an Mittwochen und an Samstagen, Hubert gehörte für mich zur Familie. Privatissimum, hat der Vater gesagt und sein hochakademisches Gesicht gemacht, lass uns jetzt alleine, wir haben zu tun, und das stimmte auch, sie hatten immer was zu tun, aber eigentlich war es wohl so, dass mein Vater Hubert geliebt hat.

Wenn der Vater über Hubert sprach, strahlte er. Um nicht zu sagen brillant, sagte er manchmal, wenn er der Mutter und mir am Mittagstisch auseinandersetzte, was er an Hubert so schätzte. Ein Kluger, sagte er, liest, was ihm unter die Finger kommt, kein Fachidiot, der Vater hasste Fachidioten. Schnelle Auffassungsgabe, sagte er, autonomes Denken, breites Interessensfeld.

Er könnte sich ein neues Hemd kaufen, sagte die Mutter, neue Hosen, und beim Friseur war er auch schon lange nicht mehr.

Der Vater schnaubte. Es ist nicht jeder mit materiellen Gütern gesegnet, aber Gott sei Dank hat der Bub, der Bub, sagte er, Witz und Intelligenz.

Witz, sagte die Mutter und lachte. Wenn er bei uns isst, kriegt er kaum den Mund auf, dem fehlt doch jeder Schliff. Aber wahrscheinlich braucht man das auch nicht, sie rümpfte die Nase, wenn man in der Erde herumgräbt und sich in die Einöde verzieht, monatelang. Wenn man nichts sieht als Steine, Steine und noch einmal Steine, da ist gesellschaftlicher Schliff wohl nicht vonnöten, da tut es der Neandertaler auch.

Gesellschaftlicher Schliff, schnaubte der Vater. Er hat mehr Verstand im kleinen Finger als die meisten seiner Kommilitonen, die den Schliff haben, der dir so gefällt, zusammen im Hirn haben. Natürlich, der Vater wandte sich zu mir, natürlich muss er manches noch lernen, im Umgang mit anderen ist er tatsächlich ein wenig ungeschickt. Und er schießt schon auch manchmal über das Ziel hinaus, der Vater runzelte die Stirn, aber ist das nicht das Vorrecht der Jungen?

Ein Sturkopf ist er, sagte der Vater ein anderes Mal, da waren sie gerade von Ephesos zurückgekommen. Als hätten sie eine andere Luft geatmet, eine andere Sonne gesehen, so sind sie immer zurückgekehrt. Wie ich Hubert beneidete, dass er mit dem Vater dort sein konnte. Und wie ich den Vater beneidete. Ein Sturkopf, sagte der Vater und sagte es so stolz, als wäre es das Beste, was man über einen sagen könnte, und das muss man auch sein in dem Fach, wenn man es zu etwas bringen will. Wer weiß, sagte er und zwinkerte mir zu, dermaleinst, es könnte schon sein, dass er mein Nachfolger wird, dermaleinst, niemand wäre mir lieber.

Wie soll denn der, sagte die Mutter, ein Institut leiten, der ist doch ein Bubi, der kriegt den Mund nicht auf und zieht sich an wie ein Höhlenmensch.

Als würdest du wissen, Eva, was das Institut braucht, sagte der Vater gereizt. Vielleicht versteht er es nicht so gut wie die Leute, mit denen du dich neuerdings abgibst, schöne Worte zu machen, Süßholzraspler, spuckte der Vater, Schmarotzer, aber er steht auf seinen eigenen Beinen, er verdient sich sein eigenes Geld, um sich sein Studium zu finanzieren, und er denkt seine eigenen Gedanken. Auch ist er, das sagte er wieder zu mir, weil er wusste, wie gerne ich es hörte, wenn er Hubert lobte, ein ausgezeichneter Schreiber und, was mir das Liebste ist, ein neugieriger Wissenschaftler. Der gibt keine Ruh, bevor er nicht weiß, was er wissen will, und das ist es, was wir brauchen, sagte er zu mir, Neugierde, nicht gesellschaftlichen Schliff. Der Schliff, das kommt schon noch mit der Zeit, man wächst sich in so etwas hinein. Der Bub brennt, sagte der Vater, manchmal denke ich, er ist ein Besessener, und als ob es das Beste wäre, was man über einen sagen könnte, strahlte mich der Vater glücklich an.

Wenn Hubert mit uns Kaffee trank oder mit uns aß, machte meine Mutter ein belustigtes Gesicht. Bubi, flüsterte sie mir zu, Höhlenmensch, immer sah ich ängstlich zu Hubert hinüber, aber er schien es nicht zu hören.

Frau Professor, sagte Hubert bei der Begrüßung zu meiner Mutter, Eva, sagte sie jedes Mal, aber er blieb bei Frau Professor, und das war oft das Einzige, was er zu ihr sagte. Grüß Gott, Frau Professor, auf Wiedersehen, Frau Professor. Manchmal fragte ihn die Mutter, das tat sie, um meinen Vater zu ärgern, ob er gerne tanze, welche Musik er höre, ob er Erfahrungen mit Drogen habe, bewusstseinserweiternde Substanzen, sagte sie, aber, und sie lachte silberhell, das brauchen Sie wahrscheinlich nicht, Bewusstseinserweiterndes. Ob er eine Freundin habe, sie legte den Kopf schief, Frauen, sagte sie, das wenigstens interessiert Sie doch hoffentlich, neben den Steinen. Eva, sagte mein Vater scharf. Hubert sah auf seinen Teller, mir tat das Herz weh.

Wenn die Mutter nicht mit uns aß, das war meistens, weil sie in ihrem Studio war oder in der Stadt oder weil sie Kopfweh hatte, dann servierte uns Vroni, unsere Haushälterin, das Essen. Der Vater und Hubert setzten ihre Gespräche einfach fort, und als würde ich alles verstehen, was sie sagten, wandten sie sich immer wieder einmal an mich. Die Finanzierung läuft über den Forschungsfond, sagte der Vater zu mir, ich nickte, in fünf Meter Tiefe, sagte Hubert, in Schlamm und Geröll, weißt du, was das heißt? Nein, sagte ich, und er erklärte es mir, Untersuchung der Hausabfälle, sagte der Vater, und der Latrinen, rief ich, und der Latrinen, sagte der Vater und lachte.

Dass ich Hubert liebte, das wusste keiner, vielleicht noch nicht einmal ich selbst. Später habe ich mich in ihn verliebt, aber damals schon liebte ich ihn. Ich liebte es, wie er, wenn er mit dem Vater im Park war, mit großen Bewegungen zeigte, was er meinte, die Aufregung, die in seiner Stimme war, wie er aufsprang und sich setzte, und den Stolz meines Vaters auf Hubert liebte ich. Ich liebte das Lächeln in seinen Augen, wenn er sich zu mir auf den Boden hockte, wie er, wenn ich ihm meine Steinesammlung zeigte, jeden Stein einzeln in die Hand nahm, ihn drehte und sorgfältig untersuchte. Fundlage?, fragte er und ich beschrieb ihm, wo ich den Stein gefunden hatte, am Hochkönig, ganz am Rand zum Abgrund, in Neuwaldegg, am Weg zum Schutzhaus, am Semmering, gleich beim Bahnhof. An einem Vormittag, sagte ich, es hat geregnet, ich war mit dem Vater nur kurz draußen und da, wenn du die Allee heraufkommst, bei der großen Kastanie, da ist er gelegen, hm, hat Hubert gesagt, ein Kastanienstein. Ich liebte es, wie ihm die Haare in Fransen in die Augen hingen und wie er sie aus der Stirn schob. Manchmal übte ich das für mich, dann stand ich vor dem Spiegel und fuhr mir durchs Haar, wie es Hubert tat. Und ich liebte seine dummen Pullover, über die die Mutter lachte, die waren ihm an den Armen zu lang, oder zu kurz, dann zog er daran, ungeduldig. Auch diese Bewegung liebte ich.

Wenn ich wusste, dass Hubert kam, dann hockte ich im Wohnzimmer auf der Couch und starrte aus dem Fenster, und wenn er die Auffahrt heraufkam, eine schmale Gestalt, groß, manchmal bückte er sich und hob etwas auf, Bucheckern im Herbst, einen Stein, einen Zapfen, ein Blatt oder ein Stück Holz, dann stand ich auf und ging durch die Eingangshalle zur Tür, die öffnete ich ihm, noch bevor er läutete. Er deutete eine Verbeugung an, die Herrin des Hauses, sagte er und streckte mir entgegen, was er aufgehoben hatte.

Mein Herr, sagte ich, was begehrt Ihr?

Einlass, sagte er.

Ich musterte ihn, ich musterte sein Geschenk, dann nickte ich und ließ ihn eintreten. Der Herr Professor, sagte ich, erwartet Euch in der Bibliothek, und hoheitsvoll führte ich Hubert zu meinem Vater, er folgte mir ergeben.

Ich bring dir den Hubert, sagte ich zu meinem Vater, der aufstand und ihn begrüßte, aufgeräumt, setz dich, und zu mir sagte er vielleicht, Anastasía, sei doch so lieb und bring dem Hubert was zu trinken, nur Wasser, sagte Hubert, und ich hüpfte in die Küche und füllte eine Karaffe mit frischem, kaltem Wasser.

Manchmal war mein Vater noch nicht da, dann warteten wir in der Bibliothek auf ihn. Was liest du?, fragte er, Rittersagen, sagte ich, und wir redeten von Artus und Parzival, von Dietrich von Bern, er blätterte in meinen Büchern, bis der Vater kam.

Auf Wiedersehen, Ana, sagte Hubert an der Tür. Das war unser Geheimnis, dass ich Ana war, wenn wir alleine waren, und Anastasia, wenn mein Vater, der Herr Professor, dabei war.

Bis nächste Woche, Ana, sagte er und ich nickte.

Zieht hinaus und kehrt wieder, sagte ich vielleicht noch, das will ich, Herrin, antwortete er, todernst, und als hätte er ein Pferd unter sich, so stob er die Auffahrt hinunter, in die Schlacht, in den Tod, schrie er vielleicht, nicht in den Tod, Herr, rief ich ihm nach, zu mir zurück.

Einmal wäre er fast in meine Mutter geprallt, die sah mich belustigt an, soso, sagte sie, zu dir zurück.

In einem Frühling ist Hubert länger nicht gekommen, aber keiner hatte mir gesagt, dass es so sein würde und warum. Ich habe gewartet und gewartet, einen Mittwoch und noch einen Mittwoch und die Samstage, weil ich mir dachte, wenn nicht am Mittwoch, dann vielleicht am Samstag, und als er auch am dritten oder vierten Mittwoch nicht gekommen ist, habe ich den Vater gefragt.

Hast du dich gestritten mit Hubert, wieso hast du dich mit ihm gestritten?

Nein, sagte er, wie kommst du darauf?

Weil er nicht mehr kommt, sagte ich.

Aber nein, sagte mein Vater. Er drehte sich zum Tisch, wo er in den Papieren blätterte.

Ist er tot, fragte ich, ist ihm etwas passiert?

Aber nein, es ist alles gut.

Da musste ich plötzlich weinen und der Vater zog mich in seine Arme, Wolle und Leder, was denn, sagte er, ist ja gut, Anastasía, Stasile, du, er kommt ja wieder. Jetzt beruhige dich, Anastasía, sagte mein Vater, er ist auf einer Lehrgrabung, er ist in Italien, nächste Woche ist er wieder da, du wirst sehen.

Und das sagst du nicht nur so?

Nein, hat er gesagt, das sag ich nicht nur so.

Hubert hatte mir etwas mitgebracht aus Italien, ein Lederband mit einem Stein dran, ich habe es genommen und ihn wortlos in die Bibliothek gebracht. Alles in Ordnung, Ana?, hat er gefragt, aber ich konnte ihm nichts sagen. Ich habe ihn auch wieder zur Tür gebracht, das Band hatte ich die ganze Zeit in meiner Hand gehalten, die war schweißnass, es tut mir leid, Ana, hat er gesagt, bevor ich die Tür hinter ihm zugemacht habe, ich habe nicht dran gedacht, dir zu sagen, dass ich eine Zeit lang weg bin.

Er ist in die Knie gegangen und hat mir in die Augen geschaut. Ehrlich, es tut mir leid, hat er noch einmal gesagt, das war das erste Mal, dass ich von ganz nah in seine Augen geschaut habe, es kommt nicht wieder vor.

Danke für die Kette, habe ich gesagt.

Bis nächste Woche, Ana. Er ist aufgestanden und ist die Auffahrt hinuntergegangen und ich habe ihm nachgesehen, bis er hinter der Biegung verschwunden war.

Mein Vater hat dann immer, wenn Hubert nicht kommen konnte, wie nebenbei am Mittagstisch gesagt, Hubert kommt heute nicht. Als würde das meine Mutter interessieren, so hat er es ihr erzählt, nächste Woche kann Hubert nicht kommen, er lässt sich entschuldigen. Wie nebenbei hat er es gesagt und ich habe mich über meinen Teller gebeugt, dass er das Heiße in meinem Gesicht nicht sehen konnte.

. . . . .

Bach, sagt der Pfarrer. Mozart und Bach. Er tippt mit dem Löffel an sein Teeglas, draußen rauscht der Regen, vor dem wir vom Friedhof in den Pfarrhof geflüchtet sind. Unser Chor, sagt der Pfarrer und schlürft mit gespitzten Lippen seinen Tee, kennen Sie unseren Chor?

Ich schüttle den Kopf.

Unser Chor, der Pfarrer sieht mich begeistert an, ist ja über die Grenzen unserer Pfarre hinaus bekannt, wenn ich mich recht entsinne, war der Chor einer der Gründe, warum Ihr Vater gerne zu uns gekommen ist. Haben Sie nicht, er sieht mich prüfend an, haben Sie nicht früher auch die Messe bei uns besucht?

Nein, sage ich und nehme einen Schluck vom Tee, der schmeckt grün und metallen, ich wohne schon lange nicht mehr hier.

Zur Kommunion, er wirft mir einen bedeutungsvollen Blick zu, das Streichquartett von Mozart, er summt ein paar Takte, exquisit, sagt er und spitzt wieder die Lippen, exquisit.

Weil ich nicht weiß, was ich sagen soll, greife ich nach den Keksen, von der Wand herunter segnet ein Jesus das kahle Haupt des Pfarrers.

Die Musiker sind verständigt, fährt er fort, wenn ich es recht erinnere, sind das alles Kollegen Ihres Vaters, schön schön, das ist schön, wenn man so hinausbegleitet wird. Hinüber, vielmehr, hinüberbegleitet.

Wieder sieht er mich bedeutungsvoll an, ich nicke, weil das offenbar von mir erwartet wird.

Zum Ausgang dann die Toccata von Bach, gewaltig, immer wieder, der Pfarrer macht ein schmatzendes Geräusch und reibt sich die Hände. Auch unser Organist hat Gnade vor den Augen, vielmehr den Ohren, das Lachen des Pfarrers klingt wie das dünne Meckern einer Ziege, den Ohren Ihres Vaters gefunden.

Behutsam legt der Pfarrer die Fingerspitzen aneinander. Mit den beiden Zeigefingern tippt er sich mehrmals an seine Nase. Er war wohl sehr musikalisch, Ihr Vater, sagt er.

Ich weiß nicht, sage ich.

Haben Sie noch Wünsche?

Nein, sage ich, mein Vater hat ja alles geregelt.

Vielleicht möchten Sie, dass ich auf etwas besonders hinweise?

Ich schüttle den Kopf.

Die Angehörigen können selbstverständlich, wenn sie das wünschen, die Messe noch mitgestalten, Fürbitten? Er zieht die Augenbrauen fragend hoch. Eine kleine Rede vielleicht? Würdigungen? Danksagungen?

Nein, sage ich. In seinen Anweisungen steht ausdrücklich, ich krame in meiner Tasche, ziehe die Mappe heraus, hier steht es: »Keine Reden in der Kirche, keine Reden am offenen Grab. Wenn es denn sein muss, dann nur im Warmen, oder im Kühlen, je nach Jahreszeit, im Trockenen und unter Zufuhr von reichlich Alkohol.«

Hmhm, sagt der Pfarrer, gut gut. Er wackelt mit dem Kopf. Er war wohl sehr humorvoll, Ihr Vater.

Nein, sage ich, eigentlich nicht.

Möchten Sie, bohrt er weiter, dass ich bestimmte Ereignisse aus dem Leben Ihres Vaters besonders erwähne, Charaktereigenschaften vielleicht oder auch bestimmte Personen?

Ich glaube nicht, dass er das wollte.

Ich stehe auf und schüttle dem Pfarrer die Hand. Das Einzige, sage ich, was man sagen könnte, aber das passt natürlich nicht, in dem Rahmen, ja, sagt der Pfarrer eifrig und beugt sich vor, das passt so überhaupt nicht, der Pfarrer reißt erwartungsvoll die Augen auf.

Dass er im Dienst der Göttin stand, sage ich.

Im Dienst der Göttin?

Ja, sage ich. Aber eben, das passt ja da so gar nicht.

. . . . .

Manchmal, in den drei Jahren, die ich ihn jetzt kenne, war es gut mit Friedrich. Manchmal war es, als könnten wir Freunde sein. Kino, essen gehen, Museen, an ein Wasser fahren oder auf einen Berg gehen, das alles, und manchmal war es gut. Manchmal habe ich gesehen, wie er andere Paare beobachtete, andere, wir sind kein Paar. Was willst du bei mir?, müsste ich sagen, du vergeudest deine Zeit mit mir. Das ist nicht deine Sorge, sagt er.

Manchmal, wenn er mich liebt, er liebt mich wie abwesend, dann möchte ich ihn lieben können, als gäbe es keinen andern. Früher, ganz am Anfang, ich kannte schon das Ausmaß seines Begehrens, ich bin mit ihm auf Partys gegangen, auf Vernissagen und Biologenempfänge, Architektengespräche, dann war da vielleicht einer, mit dem bin ich dann nach Hause gegangen. Friedrich hat es gesehen, er sollte es sehen. Ich habe seinen Blick gesucht, wenn ich mit einem anderen gegangen bin, weil ich sehen wollte, was das mit ihm macht. Ich gehe immer noch von Zeit zu Zeit mit anderen Männern mit, aber er soll es nicht mehr wissen.

So eine Erleichterung damals, immer, wenn ich gewusst habe, ich werde ihn nicht wiedersehen, aber dann, nach den Vernissagen, nach den Partys, manchmal war ich es, die angerufen hat. Ich bin in der Nähe, ich hab grad Zeit, willst du nicht, wir könnten doch. Oder er hat sich nicht gemeldet, lange nicht, so eine Erleichterung, dass es vorüber war, dass ich keine andere mehr sein musste, aber dann hat er mich vom Büro abgeholt oder eine Mail geschrieben, was ich dir zeigen wollte, wir haben, erinnerst du dich, darüber geredet, oder da war ein Film, ein Theaterstück, und wenn ich ihn wiedergesehen habe, war es gut, manchmal. Wir haben nie über die anderen geredet. Er war vorsichtiger, ich habe es in seinem Körper gespürt, wie er seine Sätze geformt hat, auch wie er mich nicht berührt hat auf dem Weg ins Kino, ins Theater, wie er mich später ausgezogen hat, so eine Zurückhaltung.

Einmal hat er doch gefragt. Warum tust du das, warum schläfst du mit Männern, die du nicht kennst, die du nie wiedersehen wirst, erklär's mir.

Ich lag neben ihm, wir hatten uns geliebt, ich hätte gerne gewusst, wie es sich anfühlt, in mir zu sein, aber das würde ich nicht fragen. Was wird das jetzt?, sagte ich träge. Ich tue es, weil ich es tue, das ist alles.

Was suchst du, wenn du mit einem Mann mitgehst, du musst doch etwas suchen. Seine Haut war hell und feucht und duftete, oder was findest du, ich legte meine Hand auf seine Brust, seinen Bauch, küsste sein Kinn, seinen Hals, nein, sag, er schob mich weg, ich möchte es wissen.

Ich aber nicht, sagte ich. Ich blieb bei ihm in dieser Nacht, weil meine Haut so dünn war, ich hätte die Nachtluft nicht ertragen.

. . . . .

Ich war aus dem Hof der Moschee hinausgegangen und auf die Straße gelangt, die nach einem Wiener Bauunternehmer benannt ist, Palmen und Stelen von Löwentieren säumten die Straße und Sonnenblumen standen hoch in Feldern. Ein leichter Wind fächelte in den Palmzweigen.

Die Säule, sagte mein Vater hinter mir, ist natürlich nicht authentisch aufgestellt.

Natürlich nicht, sagte ich. Ich lachte, weil ich mich an alles wieder erinnerte, an die Bilder, an die Reiseführer, Kunstführer, in denen ich über das Artemision gelesen hatte. Die hoch aufragende Säule im Nordosten, sagte ich, wurde im Jahr 1973 aus unregelmäßigen Trommeln verschiedener Säulen aufgestellt. Ich wischte mir, was nass war, aus den Augen. Tümpel voll Grundwasser, sagte ich, stimmt das?

Normalerweise müssen wir das Gelände mit Hilfe einer Vakuumpumpe trockenlegen, sagte der Vater, aber heuer war wenig Niederschlag, so gute Bedingungen hatten wir noch nie.

Der Tempel, sagte ich, das Kultbild, das Bild der Artemis, das ist hier gewesen. Wahnsinn, sagte ich, das Heiligste vom Heiligen, das ist alles hier gewesen. Ich starrte auf die Säule. Da nisten Störche, siehst du.

Ja, sagte mein Vater, seit wir die Säule wieder aufgestellt haben, nisten da Störche.

Genius Loci, sagte ich. Ich spürte sein Lächeln in meinem Rücken. Wenn der Reisende in alter Zeit mit dem Schiff nach Ephesos kam, dozierte ich aus einem Reiseführer, den hatte ich auswendig gelernt, da war ich sieben oder acht, muss dieser riesige Marmortempel, das Heiligtum der Artemis, einen großartigen Eindruck erweckt haben. Mehr als einhundertsiebenundzwanzig Säulen, über neunzehn Meter hoch, umstanden an den Längsseiten in zwei Reihen, an den Schmalseiten in drei Reihen das Allerheiligste, die

Cella. Die kannelierten Säulen trugen ionische Kapitelle. Sechsunddreißig Säulenschäfte waren zum Teil mit großen Reliefs geschmückt. Das Meer reichte in der Antike bis zum Tempel.

Ich drehte mich zu meinem Vater um.

Das hab ich immer so gemocht, sagte ich, dass das Meer bis an die Stufen des Tempels gereicht hat. Ich habe es mir immer vorgestellt, dass ich in einem Schiff komme und den Tempel sehe, an dessen Stufen die Wellen schlagen, oder dass ich auf den Stufen des Tempels sitze und die Schiffe sehe, die in den Hafen einfahren.

Eine Weile standen wir noch so, mein Vater und ich, und sahen die Säule an.

Bist du nicht hungrig?, fragte er schließlich, du musst doch hungrig sein.

Ja, sagte ich. Sehr.

Magst du im Grabungshaus essen?

Nein, sagte ich, da sind jetzt sicher viele Leute, ich mag heute nur mit dir essen.

Dann saßen wir auf der Dachterrasse des Hotels, ich sah auf die grüne Ebene hinunter, über die Störche flogen. Spatzen hüpften zwischen Drähten und Wolken von Rabenvögeln, schwarz, rauschten in Formationen von der Moschee über die Terrasse und in einem weiten Bogen wieder zur Moschee zurück.

Ich bring dich noch ins Grabungshaus, sagte ich.

Und morgen fährst du also gleich mit, sagte der Vater. Um sieben Uhr ist Abfahrt, findest du den Weg?

Ich verdrehte die Augen. Es gibt nur die eine Straße, sagte ich, beim Laden links herauf und dann noch einmal links, ich glaube, das schaffe ich.

Mein Vater küsste mich auf die Stirn, das hatte er zuletzt getan, als ich ein Kind war, ich hätte weinen mögen. Ich freue mich, dass du da bist, sagte er.

Ja, sagte ich, ich mich auch.

Beim Zurückgehen packte mich eine wilde Freude. Ich stieß einen Schrei aus und lief und lief und lief die Straße hinunter. Am Ende der Straße stand einer, eine wilde Freude war in mir. Als ich dann im Bett lag, wusste ich plötzlich, der Mann am Ende der Straße, das war Hubert gewesen.

. . . . .

Wenn der Vater weg war, war ich einsam, also dachte ich ihn mir zu mir. Ich konnte so stark an den Vater denken, dass es fast so war, als wäre er bei mir. Die Mutter hatte gesagt, dass er glücklich war, wenn er weg war, er braucht uns nicht, hatte sie gesagt, aber das stimmte nicht. Ich wusste, dass der Vater so fest an mich dachte, dass es fast so war, als wäre ich bei ihm.

Die Mutter tanzte in ihrem Studio, manchmal fuhr sie in die Stadt, sei brav, sagte sie. Ich blieb bei der Vroni, wir kochten Marmelade ein, oder die Omi war da, wenn die Mutter zurückkam, glänzten ihre Augen und ihr Haar flog. Sie roch fremd, und es überraschte sie, schien mir, mich zu sehen.

In der Bibliothek gehörte der Vater mir. Er las und schrieb und ich blätterte in den Konvoluten, in den Atlanten, in den Bildbänden, und der Vater sah auf, sah mich über die Brille hinweg an, die Keramiken, sagte er, sind ein wichtiger Hinweis. Oder er sagte, aber das ist doch vollkommen klar, eigentlich, dass in Milet und Pergamon. Wir sollten die Anthropologen dazunehmen, sagte er, oder er sagte, wir müssen unbedingt, die Pläne stimmen ja so nicht mehr, das Gelände neu kartografieren.

Ich nickte und er las weiter und machte sich Notizen und klapperte etwas in die Schreibmaschine, es roch nach Leder, nach Wolle und nach Büchern. Durch das Fenster fiel grün gefiltertes Licht, oder Regen rauschte leise oder Schnee fiel. Wenn Hubert da war, saß ich auf der Treppe, oder vielleicht, wenn es warm war, im Garten unter dem offenen Fenster der Bibliothek. Ich hörte ihre Stimmen, ich dachte mir den Vater und Hubert, mein Vater war so stolz auf ihn. Oder sie gingen im Garten ihre Wege, mein Vater und Hubert, aus dem Fenster im ersten Stock sah ich sie, wie sie gestikulierten, stolz und ergeben beide, so flammend. War das Mitleid, was ich spürte.

Im Leben, das draußen war, hatte Hubert eine Freundin, ich hatte sie gesehen, als ich mit dem Vater im Museum war. An Sonntagen ging ich mit ihm ins Museum, ich zog ihn an der Hand, weil ich das Labyrinth und den Stier sehen wollte, und da, im Säulengang, stand Hubert. Er küsste, aber das sah ich zu spät, ein Mädchen, eine junge Frau, da hatte ich ihn schon gerufen, er drehte sich um, Ana, sagte er. Dann sah er meinen Vater, Herr Professor, sagte er, Richard, eine Röte flog über sein Gesicht. Mein Vater schüttelte ihm die Hand, schüttelte der jungen Frau die Hand, Elfriede, sagte er.

Eine meiner Studentinnen, erklärte er mir nachher, eine Kluge, sagte er, aber ich dachte nur daran, wie Hubert die Frau geküsst hatte. Dass er nicht mehr mein Freund sein würde, hatte ich gefürchtet. Ich hatte mich darauf vorbereitet, als er am nächsten Mittwoch kam, aber als ich ihm öffnete, verbeugte er sich tief, die Herrin des Hauses, sagte er, ich sollte sein Lächeln nicht sehen. Ich nahm das Kräuterbüschel entgegen, Petersilie und Thymian. Ich gewährte ihm Einlass, ich führte ihn in die Bibliothek und später wieder zur Tür, auf Wiedersehen, Ana, sagte er und ging hinaus in das andere Leben, das draußen war.

Im Studio meiner Mutter am anderen Ende des Hauses trafen sich Tänzer und Tänzerinnen, halbnackt, sagte der Vater, ich will keine Halbnackten in meinem Haus, wenn sie in Trainingshosen, in Trainingsleiberln in der Küche standen oder manchmal im Garten, junge Männer und Frauen, deren Haut feucht war. Schmarotzer, sagte mein Vater, siehst du das nicht, halbnackte Schmarotzer, nicht in meinem Haus, die Mutter machte die Lippen schmal. Wenn der Vater im

Sommer weg war, feierte die Mutter Feste, manchmal war sie wie toll. Ich versteckte mich, wenn sie mich ins Bett schickte, und schlief dann ein, auf der Treppe, im Garten, in einem Winkel im Haus. Später hob sie mich hoch, ein Flüstern, sie trug mich in mein Zimmer, in mein Bett. Und manchmal, schien mir, war sie nicht alleine, das war aber, so dachte ich am nächsten Morgen, nur ein Traum gewesen, ein flüsternder Traum.

In meinem Haus, hatte der Vater gesagt, die Mutter hatte nicht gewusst, oder es mir nicht gesagt, dass er kommen würde. Ich war auf dem Treppenabsatz gesessen und hatte die Mutter gehört, wie sie lachte, wie sie sang, wie sie sich drehte, am Rasen, unter den Linden, unter der Buche. Ich war eingeschlafen, die Stimme des Vaters hatte mich geweckt.

. . . . .

Freund und Mentor, steht auf der Seite des Österreichischen Archäologischen Instituts, Nachruf Professor Reitinger. Mein Vater sieht mich aus meinem Laptop heraus an, ich klicke ihn weg, ich klicke mich durch die Seiten. Bouleuterion, lese ich, Hanghäuser, Artemision. Die Hafennekropole, das Oktogon, noch einmal die Hanghäuser. Zikaden schrillen, die Wände sind stierblutrot. Steingerechte Rekonstruktion, lese ich, und eine Wut ist in mir, als ließe sich, steingerecht, etwas rekonstruieren. Und wozu? Virtuelle Anastylose, schwebende Steine in einem luftlosen Raum, nur der Fall hält den Stein, wer hat das gesagt? Da ist ein Stadtplan, den ich kenne, und ein Name. Dokumentation, Analyse, Transformationsprozess. Neuralgische Punkte, denke ich, wo es weh tut, wo einmal Leben war. Das Tor, schreibt einer, als Transitionspunkt zwischen Stadt und Land, drinnen und draußen, hat einer gesagt, Leben und Tod. Dann das Skelett der Stadt im Röntgenbild. Ein anderes Bild, lichtumflossen. Schwarz, in einem Bett aus Erde, du musst die Augen senken, hat der Vater gesagt, es ist keine Luft, die ich atmen kann. Im schriftlosen Dunkel, wer führt uns. Als jagte mich mein Herz. Keine Feinchronologie für mich. Neutronenaktivierung. Über eine Scherbe jagt bräunlichrot ein Hund.

. . . . .

Ich habe nicht viel geschlafen in dieser ersten Nacht in Selçuk. Eine schimmernde Säule war in meinen Träumen, ein sanft wogendes Meer, und Hubert, dem ich mit einer wilden Freude entgegenlief.

Um sechs Uhr war ich im Grabungshaus, da war noch kaum einer beim Frühstück. Der Tee war bitter, fast schwarz, bis mir eine zeigte, dass ich ihn mit Wasser aufgießen musste. Ich knabberte an Gurkenscheiben und Oliven, nach und nach füllte sich der Speisesaal, ja, sagte ich zu Vildan, die mir mit dem Tee geholfen hatte, das ist mein Vater. Dann kam der Vater, gut geschlafen?, fragte er und schob mir einen

Kuchenteller hin. Wenn er mich vorstellte, legte er seine Hand auf meine Schulter, probier das, sagte er, und das. Und mittendrin sagte er, weißt du, wie sehr ich mir gewünscht habe, dass du einmal hierherkommst. Er lachte, ich hatte vergessen, wie mein Vater lachte, wir müssen, sagte er, komm mit.

Hubert stand in der Auffahrt, mit dem Rücken zu uns, ich drehte mich nach meinem Vater um, aber der teilte gerade die Leute auf die Busse auf. Hubert reckte sich, als ob er müde wäre, er fuhr sich mit den Händen durchs Haar, ich wusste, wie er das machte. Hubert, sagte ich in seinen Rücken hinein. Ich bin's, sagte ich, als er sich umdrehte, Ana, Anastasia.

Etwas verzog sein Gesicht, das Töchterl, sagte er, das Professorentöchterl.

Schneidend dann die Stimme des Vaters, Anastasía, wir fahren, also kletterte ich über Beine und Körbe, das ist meine Tochter, sagte der Vater, wenn ihr sie ein bisschen unter eure Fittiche nehmt.

Du hast mir nicht gesagt, dass Hubert auch hier ist, sagte ich.

Jetzt hast du ihn ja gesehen, sagte der Vater und wandte sich meiner Nachbarin zu, die Neuankömmlinge, sagte er, in die Arbeit einführen.

Ich dachte an Huberts Gesicht, wie ich auf ihn zugelaufen war. Gestern hatte ich es nicht gewusst, wer er war, meine wilde Freude und etwas wie Erstaunen bei ihm. Ich dachte an den, den ich gekannt hatte, früher, und was er gesagt hatte, das Töchterl, Professorentöchterl. Aber dann vergaß ich seine abweisende Stimme und was sein Gesicht verzogen hatte und auch das Erstaunen vom Vortag, wir sind da, sagte der Vater. Einer sprang aus dem Bus und schob ein Eisengitter auf. Wir fuhren auf einer staubigen Straße, die Morgensonne sprang golden von Distel zu Distel, wir fuhren auf einer marmornen Straße, die glänzte kühl. Ich bin da, dachte ich, und als pulsierte etwas wo, so war es, als ich Ephesos zum ersten Mal betrat.

. . . . .

Wer mit dem Schiff nach Ephesos reiste, lese ich auf einer der Seiten, die ich anklicke, der musste zunächst das Reich der Toten durchqueren. Die Schiffe aus aller Welt gelangten über einen drei Kilometer langen Kanal ins Hafenbecken, entlang des Kanals standen die Grabhäuser der wichtigsten Ephesier, Torbögen, Mosaike, Dachterrassen und Speisesäle für die Toten. Ankommende erfuhren so von Anfang an, wer die Reichen und Mächtigen der Stadt waren.

Die Verdienstvollen vielleicht auch, denke ich, dann hätte sich der Vater, das hätte er doch, ein solches Denkmal verdient, Dachterrassen und Speisesäle mit Blick auf das Hafenbecken und die Ebene dahinter, mit Blick auf die weiße Stadt.

Am Grab der Toten essen, schreibt der Vater. Der Pfarrer gibt mir keine Erlaubnis, den Leichenschmaus am Grab abzuhalten, schreibt er, Störung der Totenruhe, als wünschten nicht die Toten eine fröhliche Störung ihrer Ruhe. Und sollten nicht die Toten Labsal und Zehrung erhalten, ist nicht ihr Weg der düstere?

Der Ungebändigte, hat der Vater geschrieben, der Raue, der Ungeheure, ihm gegenübertreten. Die Anrufung als Wohlmeinender, schreibt der Vater, ist aber vielleicht nicht nur beschönigend, wer will denn ewig leben. Der Abscheuliche, der Abgewandte, der Mörderische, schreibt der Vater, bin ich das nicht selbst gewesen. Das bin ich, was werde ich also sehen.

Es macht mich wütend, als wäre es ein Verdienst, so einen Satz zu schreiben. Wem willst du was beweisen, denke ich, und was geht mich das alles an.

. . . . .

Weil Friedrich so offensichtlich kein Interesse zeigte, habe ich ihn verführt. Männer verführen, mit Männern schlafen, das war leicht. Dass sie so waren, machte sie mir verächtlich. Mir einen Körper nehmen, wenn ich einen wollte, das ist es, was ich nach dem Sommer in Ephesos gemacht habe. Wie auf dem Reißbrett habe ich mich neu entworfen, alles, was ich nach diesem Sommer getan habe, habe ich bis zur Erschöpfung getan. Bis zur Erschöpfung lernen und arbeiten, tanzen, mit einem Mann sein. Gleichgültig mit welchem Mann, gleichgültig wer, gleichgültig wo, keine Gesichter. Sich nehmen lassen, schnell, heftig.

Schmerz zufügen, auslöschen, was sein könnte. Vernichtungsrasen, dann erst war ich ruhig.

. . . . .

Morgens, wenn außer uns noch niemand am Gelände war, lief ich durch die Stadt. Vom Theater über die Marmorstraße oder die untere Agora lief ich die Kuretenstraße hinauf. Ich sah zu, wie die Sonne auf die Celsusbibliothek fiel, ich stellte mir die Tabernen vor, die Kaufläden und Garküchen, die Trinkstuben und Handwerksbetriebe und das Treiben im Variusbad, Latrine, dachte ich jedes Mal, wenn ich durch die Latrine ging, und dass das Freudenhaus kein Freudenhaus gewesen war. Am Mosaikboden der Altyarchenstoa tummelten sich, vielfärbig in Blättergirlanden verschlungen, Enten und Tauben, ein kreiselndes Rad. Wie im Triumph lief ich an den Sockeln der Ehrenstatuen vorbei, und wenn ich mich umdrehte, leuchtete mir rosagold die Bibliothek entgegen. Ich lief über die Gasse nach links oder über den Domitiansplatz, lieber nahm ich diesen Weg, Steinschluchten, weil ich, am Brunnen vorbei, in dessen Stein sich die Wasserschöpfer mit ihren Seilen eingegraben hatten, so über die Domitiansgasse in die Südstraße kam. Dort lagen Steinblöcke unter Olivenbäumen, Eichenbäumen, auf die sank ich nieder, wie angerührt von etwas. Manchmal saß ich dort eine Stunde. Die Luft zitterte schon über dem Staatsmarkt, Anfang Juli war das Gras noch grün.

Die Südstraße hinauf, an der Fontäne vorbei zur Nekropole, dass so nah Gräber lagen, verwunderte mich. Zwischen Säulen baute ich mir Kuppeln und Hallen in die Luft. Wenn dann die ersten Touristen am Odeion auftauchten, bunt beschirmt, unter Bäume sich drängend, nickend und schwatzend die Augen auf den Reiseleiter gerichtet, lief ich weiter. Vor den gefleckten Säulen des Prytaneions atmete ich noch einmal tief ein, die Gasse hinunter durch das Heraklestor steuerte ich auf die Bibliothek zu. Glänzenden Marmor unter meinen Füßen kam ich zum Theater, dort kletterte jemand in den Mauern, erklärte mir die Steine, dann gab es Tee, wir saßen hoch oben im Tonnengewölbe an langen Tischen. Sesamkringel, weißer Käse und kleine schwarze Oliven. Der Tee war süß, ein türkischer Arbeiter schenkte uns nach, rotgold, in kleinen, bauchigen Gläsern. Über die Arkadiane lief ich Richtung Hafen oder ich bog nach rechts zur Marienkirche ab. Die Hafenthermen, die Hafentore lagen wild verwachsen. Brauchst du was?, fragte mein Vater, einen Führer, sagte ich und er drückte mir, als hätte er darauf gewartet, ein Buch in die Hand, die Arbeit der letzten Jahre, sagte er.

Wenn die Kuretenstraße zu eng wurde für die Touristenherden, wenn sich die Scharen vor der Bibliothek drängten, es empörte mich, dass sie, fast nackt manche, mit schweißglänzenden Oberkörpern in die Stadt kamen, so die Stadt abfotografierten, um Mittag schien mir die Stadt, die vor Leibern überquoll, wie entseelt. Dann ging ich dorthin, wo die anderen nicht sein durften, dann streunte ich über die untere Agora, ging das Säulengeviert aus, innen und außen, saß lange an eine Säule gelehnt, manchmal flatterte etwas vorbei. Ich verkroch mich im Hain, dort war eine dunkle Süße. Ich suchte das Medusentor, leere Augen, ein Mund, in dem eine Schlange sich sonnte. Auf den Stufen des Serapeions im Schatten des Bülbüldag saß ich und dachte, vom hingeworfenen Durcheinander der Marmorblöcke entzückt, große Gedanken. Manchmal schrieb ich seltsame kleine Geschichten von goldenen Käfern und von der Zeit, die vergeht.

Ich hab alles gesehen, sagte ich zu meinem Vater nach der ersten Woche. Er lachte. Dann schau genauer hin, sagte er. Und dann war ich bei Jan, Hanghaus 2, Wohneinheit 7. Sehen, was den Raum macht und die Zeit, Schichten von beidem, das war so ein Wunder. Balkenlöcher und Verstürze, Brandschichten, Baufugen, Störungen im Mauerwerk, und eingeritzt auf rotem Grund Gladiatoren, die noch immer kämpften und noch immer starben. Jungmädchenwände standen in cremigem Gelb, Blütenschauer und Vögel, spitz, in rostrotem Rahmen. Wenn ich nichts mehr sah, weil mir das Licht und die Luft wie Schleier vor die Augen fielen und die Zikaden schrillten, dann machte ich eine Pause, aber nicht lange. Beweisen, dass ich kein Töchterl war, Professorentöchterl, das machte mich wütend oder traurig, aber ich hatte keine Zeit, wütend oder traurig zu sein, ich hatte ein Hanghaus zu vermessen.

Im Marmorsaal lag auf langen Tischen das Puzzle, so nannten sie es, das Riesenpuzzle, das sollte an die

Wand, tausende Fragmente. Die Arbeiter und die Restauratoren gingen von Tisch zu Tisch, sie nahmen die Fragmente in die Hand, roter Stein, grüner Stein, weißgrau mit braunen Schlieren, drehten sie, legten sie an andere Steine an, legten sie wieder auf den Tisch, gingen weiter. Manchmal sehe ich es im Traum, sagte Sinan, der Chefrestaurator, wo jede Scherbe hingehört. In der Früh, sagte er, mache ich es genauso wie im Traum – und es passt. Im Traum sehen, wie es gehört, dachte ich.

Einmal, an einem Vormittag, Jan brauchte mich erst später, ging ich ins Serapeion, die Steine mir anschauen, die wie hingeworfen lagen, in einem Schatten sitzen. Da war eine Echse, groß und fleischig, ihre Augen waren blau und grün, die kam wie in einem Lauf mit einer Kraft in weiten Sprüngen auf mich zu. Wäre sie mich angesprungen, ich hätte mich nicht gewehrt.

Als Jan dann wegfuhr, war es, als hätte mir jemand den Boden weggezogen. Er lachte, als er mein Gesicht sah, ich komm ja wieder, sagte er, ich bin zwei Wochen in Aphrodisias, in Limyra, dann komme ich wieder und schule dich in die Geländevermessung ein, okay. Ich nickte, er umarmte mich ein wenig ungeschickt. Weil ich ohne Jan wie verloren war, ging ich in den Marmorsaal und drehte Steine, drehte sie, wendete sie und legte sie wieder zurück. Nach zwei Tagen verlor ich aber die Geduld mit den Steinen. Als wäre mir die Stadt verschlossen, floh ich in die Hügel.

. . . . .

In meinem Haus, hatte der Vater gesagt. Ich war auf dem Treppenabsatz eingeschlafen, ich war aufgewacht, weil die Stimmen der Eltern laut waren oder weil die Musik nicht mehr war, kein Lachen und kein zärtliches Flüstern. Und du schämst dich nicht, in meinem Haus, sagte er noch einmal, die Mutter lachte.

Geht es darum?, dein Haus, deine Frau, was bist du denn?, sagte der Vater, du bist ja nicht besser als irgendeine, eine was, sagte die Mutter, sag es, was ich bin, was bin ich?

Wieso?, fragte der Vater.

Fast sanft sagte die Mutter, ein guter Fick, weißt du noch, was das ist, hast du jemals gewusst, was ein Fick ist, ein richtig guter Fick? Der scharfe Atem des Vaters, du bist dir ja zu vornehm, sagte die Mutter, immer zu vornehm gewesen, durchficken, wie zärtlich sagte sie es, manchmal will ich einfach nur das, dass mich einer durchfickt, willst du das nie?

Hör auf, sagte er, jetzt, sagte die Mutter, fick mich, sagte sie sanft. Etwas krachte und fiel um, die Mutter lachte leise. Sie tut ihm weh, dachte ich, fick mich, fick mich, fick mich, ein Wiegenlied, während jemand atmete und keuchte, fick mich, sagte die Mutter, drängend jetzt, und schlug und stöhnte und schrie. Dann war es still, nur das heftige Atmen, ein scharfer Geruch. Dann kam der Vater aus dem Wohnzimmer, ich zitterte auf dem Treppenabsatz. Mein Herz taumelte.

Am nächsten Morgen stand der Koffer des Vaters

noch immer im Vorraum, aber der Vater war nicht da. Die Mutter war im Garten, ich gehe fort von hier, sagte sie. Nicht weinen. Später kam der Vater. Er ging an mir vorüber, der scharfe Geruch der Verzweiflung, bitte, wollte ich sagen, bitte, aber, weil etwas reißen würde, das wusste ich, sagte ich nichts. Er ging ins Badezimmer, in die Bibliothek, ich strich mir ein Brot, es würgte mich, mir war schwindlig vor Leere. Noch später stritten die Eltern in der Bibliothek. Warum, sagte mein Vater, warum jetzt, warum überhaupt, was fehlt dir denn, hast du nicht alles, hab ich nicht alles getan, damit du, darum geht es nicht mehr, sagte die Mutter.

Worum geht es dann, dass du ficken kannst, wen du willst, geht es darum?

Wenn du es so sehen willst, sagte die Mutter kühl.

Dass ich deine Depression ertragen habe, jahrelang, wirfst du mir jetzt meine Krankheit vor?, nein, sagte der Vater, aber du wirfst mir meinen Beruf vor. Ich werfe dir nichts vor, ich halte es nur nicht mehr aus. Was gibt es denn nicht auszuhalten, was ist so schwer auszuhalten, dass das Geld da ist, mit dem du dir kaufst, was du willst, dass du auf Urlaub fährst, wie oft im Jahr?, dass du, es ist nicht das Geld, oder gerade, es ist alles deins, nichts hier ist von mir, ich versteh dich nicht, deswegen muss ich ja weg.

Keine Scheidung, sagte der Vater, nur dass du es weißt, das geht vorüber, ich nehme mir Zeit, wenn ich zurück bin, aber es ist zu spät, sagte die Mutter, begreifst du das nicht?, du begreifst es nicht, musst du auch nicht, es ist gleichgültig, ich gehe, ob du es willst oder nicht.

Wovon willst du leben, sagte mein Vater, als Tänzerin? In deinem Alter wieder als Tänzerin? Oder fickst du dich hoch? Aber ob es dafür reicht. Etwas zersprang zwischen den Eltern. Ich presste mir die Hände an die Ohren, ich lief in den Garten, dort wisperten in einem Hauch die Lindenblätter. Als ich irgendwann, weil mich niemand holte, ins Haus zurückging, waren die Schatten lang. Ich saß auf meinem Bett, meine Arme, meine Beine fühlten sich an, als gehörten sie zu einer anderen. Der Vater stand in der Tür, ich muss weg, sagte er, mit dem Nachtzug, nach München. In der Dämmerung des Zimmers, ich bewegte mich nicht.

. . . . .

Als ich am ersten Abend im Grabungshaus aus dem Bus sprang, war ein Strudel von Aktivität rund um mich, Instrumente und Kisten und Körbe und Rollen wurden ausgeladen, von einem anderen Bus kamen Leute, die meinen Vater begrüßten, die Anreise, sagte eine, eine Katastrophe, wir waren schon in der Luft, da haben sie uns wieder heruntergeholt. Beim zweiten Versuch gestern Abend mussten wir über München fliegen, die hatten einen Totalausfall, heute früh hat's geklappt. Unsere Koffer, sagte ein anderer, sind angeblich in Venedig, dazwischen stellte mich mein Vater vor, meine Tochter, sagte er und legte seine Hand auf meine Schulter.

Du bist das erste Mal hier?, fragte eine, ich nickte, wie ist es? Ich machte eine Bewegung mit den Händen, eine große Bewegung, dann brach ein Lachen aus mir heraus. Als ich mich umdrehte, sah ich Hubert. Er stand bei einer Gruppe, die redeten wild durcheinander, er stand ganz still. Er fuhr sich mit den Händen durchs Haar, etwas verzog sein Gesicht, einer aus der Gruppe sagte etwas und Hubert nahm seinen Blick von mir.

Beim Abendessen saß ich bei meinem Vater, dass es Suppe gab, in schneeweißen geblümten Terrinen, entzückte mich. Ilse, sagte der Vater zu der Frau, die sich neben ihn gesetzt hatte, darf ich dir meine Tochter vorstellen.

Dein Vater hat sich so auf dich gefreut, sagte Ilse, sie gab mir die Hand, sie lächelte, da war eine Zurückhaltung in ihren Augen. Später legte sie einmal ihre Hand auf seinen Unterarm, kurz, ach so, dachte ich. Nach dem Essen wurde im Hof der Kaffee auf einem großen silbernen Tablett gereicht, schwarz in kleinen weißen Tassen. Wir saßen unter der Tamariske, deren Nadeln sich in meinem Haar verfingen. Ilse strich sich ihr kurzes schwarzes Haar hinter die Ohren und fragte mich, was interessiert sie das, dachte ich, über die Schule, die Matura, das war so weit weg, das war doch nicht mehr ich, weil es meinem Vater Freude machte, gab ich die richtigen Antworten.

Ilse arbeitet im Depot, sagte mein Vater, sie kann

dir die Arbeit dort zeigen, die Funde von Jahrzehnten sind hier gelagert, da muss ja vieles noch aufgearbeitet werden.

Später, sagte ich, jetzt will ich erst einmal die Stadt sehen.

Du sagst es, wenn du so weit bist, sagte Ilse.

Klar, sagte ich, warum ärgerte mich die Freundlichkeit in ihrer Stimme?

Mein Vater legte den Arm um mich, Anastasía, sagte er. Ist es so, wie du es dir gedacht hast?

Besser, sagte ich. Viel besser.

Der Vater zog mich zu sich, ich erinnerte mich, wie es gewesen war, das Gesicht in seiner Jacke zu vergraben. Dann setzte sich noch einer zu uns, der war auch in der Früh angekommen, Martin, sagte er, wie scheu, und gab mir die Hand. Ich lehnte mich an meinen Vater, das war ungewohnt. Geht's dir gut?, fragte er, sehr, sagte ich.

Die lysimachische Stadtmauer, sagte Martin, in ihrer Gesamtheit ganz neu untersuchen, das ist ja seit Keil nicht mehr passiert. Vom Bülbüldag bis zum koressischen Viertel, der Frage des fehlenden Verlaufsstückes nachgehen, die Baugeschichte und die Nutzungsphasen der Mauer und des Magnesischen Tores erkunden. Mein Vater lachte, genug für die nächsten paar Jahre, sagte er.

Ja, sagte Martin und runzelte die Stirn.

Martin ist einer unserer aufstrebenden jungen Wissenschaftler, sagte der Vater zu mir, Martin errötete, nicht so bescheiden, sagte der Vater, ich habe deine

Dissertation gelesen, das hat mir viel Freude gemacht. Wie gehst du es heuer hier an?, fragte er dann, weil Martin aus seiner Verlegenheit nicht herauskam.

Dass er mit Astrid und Manfred beim Magnesischen Tor arbeite, sagte Martin, in zwei Wochen sei dann Mauerbegehung. Und Sophia?, fragte mein Vater, Sophia kommt in zwei Wochen, sagte Martin, und dann redete er vom Innen und vom Außen, dazwischen die Mauer, gehört die zum einen oder zum andern, sagte er. Und mein Vater lachte wieder, wem gehört eine Grenze, ein Zaun, eine Mauer eigentlich?

Bevor ich ins Hotel zurückging, zeigte mir der Vater noch sein Zimmer, dass du mich findest, wenn was ist, sagte er. Zwei Betten standen zusammen, auf beiden Nachtkästchen lagen Bücher, eine Brille, die nicht meinem Vater gehörte, ein Laptop, rauchst du?, fragte ich, weil da ein Feuerzeug lag.

Manchmal, sagte der Vater, nur hier.

Männerschuhe und Frauenschuhe, über einem Sessel hing ein Rock, du hast mir nie gesagt, dass du eine Freundin hast, sagte ich. Der Vater sah ein wenig verlegen aus, wir wohnen nicht zusammen, sagte er, in Wien wohnen wir nicht zusammen.

Wir sahen beide auf den Rock, hübsch, sagte ich, das ist ein hübsches Zimmer. Dann brachte er mich noch zur Pforte, Hubert saß nicht mehr im Hof, bis morgen also, sagte der Vater.

So war das dann zwei Wochen lang. Ich sah Hubert in der Früh, beim Frühstück vielleicht, er kam immer spät, er setzte sich nie zu mir, noch nicht einmal in meine Nähe. Ich sah ihn bei den Bussen mit den anderen stehen, er sah nie in meine Richtung. Ich sah ihn am späten Nachmittag vielleicht, wenn unsere Busse gleichzeitig im Grabungshaus ankamen, ich sah ihn am Abend, beim Abendessen, und wie er dann mit seinen Leuten zusammensaß. Mit wem er später noch in die Stadt ging und mit wem er zurückkam, mit wem er im Haus verschwand, ich wusste, wo sein Zimmer war, ich hatte es auf dem Plan gesehen, der am Schwarzen Brett hing.

Ich sah die Blicke, die sich die Leute zuwarfen, und ich hörte, was sie redeten, und ich habe ja gesehen, dass er nie alleine war. Dass er einmal mein Freund gewesen war, das konnte doch gar nicht gewesen sein. Manchmal dachte ich an den ersten Abend, ich war ihm entgegengelaufen, als hätte es eine Richtigkeit gehabt.

An den Abenden saß ich mit dem Vater und Ilse zusammen, ich bemühte mich, sie zu mögen. Als ich dann mit Jan arbeitete, saß ich oft bei ihm, meine reizende Assistentin, sagte er zu den anderen, zu David, der im Depot prähistorische Pfeilspitzen zeichnete, zu Andreas und Gabi, Architekten, die im Projekt meines Vaters im Theater arbeiteten, oder ich saß bei Vildan, die mir an meinem ersten Tag die Hanghäuser gezeigt hatte, das Musenzimmer, das Medusenhaupt. In der zweiten Woche kamen ein paar Amerikaner, da fiel mir wieder ein, dass ich ja nach Amerika gewollt hatte, das war so lange her. Tagsüber vergaß ich Hubert. Aber am Abend und am Morgen war es mir, als hätte ich den ganzen Tag und die ganze Nacht an ihn gedacht.

Einmal, gegen Ende der zweiten Woche, setzte ich mich am Abend neben ihn, da war noch ein Sessel frei und ich wollte, dass er mit mir redete. Hubert, sagte ich, das hatte ich mir so zurechtgelegt, freust du dich denn gar nicht? Weißt du nicht mehr?

Die Studentinnen, die jungen Archäologinnen, die am Tisch saßen, wechselten lauernde Blicke. Weißt du es nicht mehr?, fragte ich noch einmal. Ich hab geglaubt, ich seh dich nie wieder.

Anastasia, sagte Hubert, als hätte er nachdenken müssen, wie ich hieß. Was machst du hier?, fragte er, als hätte ich kein Recht, hier zu sein.

Ich stotterte etwas von Matura und Ferien und Amerika und dass daraus nichts geworden war, dass es aber wirklich schön war in Ephesos, wirklich, sagte ich. Und er hörte mir zu, als wäre es schwierig zu verstehen, was ich sagte. Er legte die Stirn in Falten, tatsächlich, vermessen, sagte er, kannst du das denn? Aber natürlich, für die Tochter des Professors ist das ja kein Problem. Die Studentinnen lachten.

Verstehst du denn, was du da tust?, fragte er und ich erklärte es ihm, weil ich erst dachte, er wollte es tatsächlich wissen, aber ich konnte es nicht mehr sagen, der Hohn in seinen Augen, wie das war mit den Signalen, die der Tachymeter aussandte. Zeit und Weg, sagte ich, er kräuselte die Nase, ich verwechselte die Formeln, das Blut war mir in den Kopf geschossen, und endete stotternd damit, dass Jan gesagt habe, ich würde das sehr gut machen.

Hubert zog die Augenbrauen hoch, natürlich, sagte er, wie nicht anders zu erwarten für die Tochter des Professors. Und wann übernimmst du die Grabungsleitung?

Ich sah, dass uns mein Vater beobachtete, vielleicht wäre er zu uns an den Tisch gekommen, aber Ilse hielt ihn zurück. Und du, fragte ich schließlich, weil ich mich nicht geschlagen geben wollte, bei welchem Projekt arbeitest du?

Eine zornige Röte flammte in seinem Gesicht auf. Wenn du meinst, du kannst auch noch bei uns mitmischen, sagte er, seine Augen waren schmal, das wird nichts, nur dass das klar ist. Wir haben genug zu tun, auch ohne dass wir Kindermädchen spielen. Sag deinem Vater, wenn er etwas wissen will, dann soll er zu mir kommen. Ich rede mit ihm, er braucht mir keine Spione zu schicken.

Am Tisch war es still geworden. Wie meinst du das?, fragte ich. Hubert winkte ab und stand auf. Von den anderen redete keine mit mir. Ich war nicht mehr hungrig, aber ich aß von allem, dem Reis, dem Fleisch, dem Gemüse, dem Salat, den Pfirsichen. Endlich konnte ich aufstehen. Als ich draußen war, fing mich Jan ab. Weißt du es denn nicht?, fragte er, was denn?, fragte ich, was zwischen deinem Vater und Hubert war.

. . . . .

In Fundlage, hat der Vater gesagt, als er mir die Statue das erste Mal zeigte, nach meinem Fieber. Die Artemis von Ephesos, die Schöne, sagte er, in Fundlage. Ich war dabei, sagte er, als sie ausgegraben wurde, 1956, ich weiß es wie heute, ich war dabei, als sie sie herausgeholt haben. Kannst du dir das vorstellen, wie sie in der Erde gelegen ist, begraben oder wie ungeboren, während darüber die Stadt zerfällt und die Welt eine andere wird, der weiße Stein in der dunklen Erde. Vor über tausend Jahren ist sie von den Bewohnern der Stadt in die Erde gebettet worden, um sie zu schützen, um sie zu bewahren, um ihres Schutzes weiterhin gewiss zu sein vielleicht auch. Nach mehr als tausend Jahren ist sie wieder ans Licht gekommen, die Welt ist aber eine andere geworden.

Ich sah eine weiße Gestalt, in dunkler Erde, die eine Hand, die andere war abgeschlagen, nach mir ausstreckte. Bienen, sagte mein Vater, Greife und Sphingen und Stiere und Löwen, Hirsche, ein Skorpion, die Tierkreiszeichen, vielbrüstig, sagte der Vater, oder Eier, sagte ich.

Die Welt hatte nach dem Fieber wieder ihre alten Farben, nur manchmal, schien mir, war da ein Schleier, und dahinter leuchteten die Farben kräftiger.

Mit einer Hand gibt sie, sagte der Vater, mit der anderen nimmt sie.

Was?, fragte ich.

Alles, sagte der Vater. Sie gibt alles, und sie nimmt alles.

Die ganze Welt?

Die ganze Welt, sagte der Vater.

Wieso ist dann alles immer noch da?

Der Vater lachte. Weil sie es wieder gibt. Sie gibt und nimmt im selben Moment. Die Welt zerfällt und entsteht wieder neu, und zerfällt und entsteht, alles im selben Moment, kannst du dir das vorstellen?

Nein, sagte ich.

Ich auch nicht, sagte der Vater. Er sah mich an. Was hat sie getan?, fragte er. Als du sie gesehen hast, was hat sie getan?

Mein Leben lang, wird er später sagen, mein Leben lang habe ich davon geträumt. Der sein, der sie findet, der sein, der sie ausgräbt. Dass er es sein sollte, der ihr die Erde von den dunklen Zügen streicht, dass er es sein sollte, der ihr Lächeln unter seinen Fingern spürt, der sie aus der Erde hebt, das habe ich gesehen, später, als Hubert dann die Göttin ausgegraben hat.

Sie war so groß, sagte ich. Ich habe Angst gehabt.

Ein Kribbeln war auf meiner Haut gewesen, das wusste ich noch, über und unter der Haut.

Da war ein großes Rad, das hat sich gedreht, sagte ich, das hat sich so schnell gedreht. Da war ein Rauschen, ich habe Angst gehabt. Und dann nicht mehr. Ihre Augen waren bernsteingelb. Sie hat mich gesehen.

Ihr Bild, sagte der Vater, ist vom Himmel gefallen.

. . . . .

Wir haben eine Abmachung, Friedrich und ich, eine Sonntagsabmachung, das hat sich so ergeben. Einige Dinge haben sich über die Jahre so ergeben, Friedrich misst dem mehr Bedeutung bei als ich. Dass er einen Schlüssel zu meiner Wohnung hat, das hat sich so ergeben. Einmal war ich krank, ich bin drei Wochen gelegen und Friedrich hat mich mit allem versorgt. Als er mir den Schlüssel zurückgeben wollte, habe ich gesagt, behalte ihn. Bist du sicher?, hat er gefragt, ja, habe ich gesagt. Wenn ich sterbe, ist jemand da, der mich findet.

Sehen wir uns morgen?, fragt er an den Samstagen, ja, sage ich, oder ich sage, lieber nicht, nicht dieses Mal. Manchmal ist es noch dunkel, wenn er kommt, im Halbschlaf weiß ich, dass er in der Tür steht. Ich strecke die Hand aus, er setzt sich an den Bettrand, komm zu mir, murmle ich im Halbschlaf, er zieht sich aus, er legt sich neben mich. Ich erlaube ihm, dass er mich in die Arme nimmt, manchmal tut das weh. Wir schlafen miteinander, manchmal ist es, als wäre er schrecklich müde. Etwas wie Scham ist in seinem Gesicht, weil ich ihn nicht liebe.

An den Sonntagen, an denen es uns gut geht, macht er uns Frühstück, wir gehen in die Stadt oder fahren hinaus, aber wenn ich die anderen sehe, die aneinander hängen, ineinander verschlungen, kann es sein, dass mir die Luft fehlt, geh jetzt, sage ich dann. Und manchmal ist das schon um fünf Uhr Früh, geh, sage ich, weil ich es nicht ertrage, dass da einer ist neben mir.

. . . . .

Das sieht ihm ähnlich, sagt die Mutter, als ich ihr am Telefon erzähle, dass der Vater sein Begräbnis bis ins Detail geplant hat, selbst die Parte, sage ich, hat er formuliert.

Er hat eine Liste geschrieben, wer aller zur Zehrung geladen ist, sage ich der Mutter, du stehst auch drauf, aber das weißt du, oder?

Von der anderen Seite der Welt kommt ein kleines Geräusch, tatsächlich, sagt die Mutter, das ist großzügig von ihm. Und Ilse?, fragt sie nach einer Pause, was weiß sie von Ilse? Ja, sage ich, aber ich glaube nicht, dass sie kommt.

Der Vater hat schöne Frauen gemocht. Ich war zu schön, hat die Mutter gerne gesagt. Wenn ich nicht so schön gewesen wäre, jung und schön, dein Vater hätte mich doch gar nicht bemerkt, der hatte doch immer nur Augen für seine Steine. Die Ehe hat mich hässlich gemacht, hat die Mutter gesagt. Ich konnte nicht mehr tanzen, ich musste stillhalten, jahrelang, das hat mich hässlich gemacht, das war das Unglück mit deinem Vater und mir.

Ich war zu jung, hat sie gesagt, er war zu alt. Ich war zwanzig, als ich Richard geheiratet habe. Richard ist, wenn ich in Wien getanzt habe, in jede meiner Vorstellungen gegangen, er hat mir Blumen geschickt, nach jeder Vorstellung, kleine Aufmerksamkeiten. Ich habe das so geliebt, dann habe ich dich bekommen, das war das Ende.

Ich war wie tot, hat die Mutter gesagt, und als ich endlich wieder ich war, da waren wir uns schon fremd und ich war nicht mehr dieselbe. Was sollte er mit mir, was sollte ich mit ihm? Seine Steine. Mein Tanz.

Er hat mich so beeindruckt, dein Vater, hat die Mutter gesagt. Er war so ernst, das hat mir gefallen, dass mich so ein ernster Mensch ernst nimmt. Der Archäologe und die Tänzerin, als könnten sich Gegensätze aufheben. Aber das war ein Irrtum, das war das Unglück mit deinem Vater und mir.

Weil er mich unbedingt gewollt hat, hat die Mutter gesagt. Er hat aber nicht verstanden, was mir das Tanzen ist. Du wirst ja, hat er gesagt, als ich schwanger war, das Tanzen jetzt einschränken. Nein, habe ich gesagt. Und wenn das Kind da ist, machst du doch erst einmal eine Pause? Nein, habe ich gesagt, und ich hätte es auch nicht getan, aber weil du zu früh gekommen wärst, viel zu früh, musste ich dann liegen. Die letzten zwei Monate bin ich gelegen, eine Tortur, das weißt du ja nicht, eine Qual. Dein Vater war in Ephesos, natürlich, und ich musste liegen. Dann haben sie mich endlich erlöst, dann warst du endlich so weit. Dass ich wieder tanzen kann, das war das Einzige, was ich gedacht habe, als du endlich da warst. Aber mein

Körper hat mich im Stich gelassen und es hat Jahre gedauert, bis ich wieder tanzen konnte.

Dich, hat die Mutter manchmal gesagt, dich hat Richard ernst genommen, mit dir hat er geredet wie mit einer Erwachsenen, ich war für ihn nur noch die Kranke. Das stimmt nicht, sagte ich, doch, sagte die Mutter. Ich war eine Verrücktheit für deinen Vater, als er mich geheiratet hat, eine Verrücktheit, die er bereut hat. Das glaube ich nicht, sagte ich, doch, sagte die Mutter, und ich war ja dann tatsächlich wie verrückt.

Wie ich es gehasst habe, dass sein Ephesos wichtiger war als mein Tanzen. Das ist kein Tanz, was du da machst, hat er am Schluss gesagt. Er hat es nicht verstanden, es hat ihn, sagte die Mutter, verstört, wie konnte ich da bei ihm bleiben.

Der Vater hat schöne Frauen gemocht. Ilse war eine schöne Frau. Anders als meine Mutter, von einer anderen Schönheit. Bis dann passiert ist, weswegen sie den Vater nicht mehr lieben konnte.

. . . . .

Freund und Mentor, steht im Nachruf des ÖAI, Weggefährte. Ein Verlust für die Fachwelt, ein Verlust für das Institut, ein Verlust für seine Freunde. Bestürzung und Trauer über die Nachricht seines Todes. Die Lücke, die er hinterlässt, als Kollege und als Mensch. Du fehlst, steht da. Das Mitgefühl, das seiner Familie gilt. Seine Familie, denke ich, das bin ja wohl ich, in erster Linie.

Weil ich sehr müde bin, bin ich unvorsichtig, klicke auf »Artemis Ephesia«. Vier Statuen erscheinen auf dem Bildschirm, ich bin zu müde, mich zu wehren, die Große, die Kleine, die Schöne, die Rätselhafte Artemis.

. . . . .

Ihr Bild, sagte der Vater, ist vom Himmel gefallen.

Ich war am Institut, ich hatte Hubert einen Kuchen mitgebracht, den ich mit der Vroni gemacht hatte. Meinst du, mag er den Kuchen?, fragte ich den Vater, ich glaube schon, hatte er gesagt, wir müssen den Buben ein wenig auffüttern. Mein Lieblingskuchen, hatte Hubert gesagt, und ich war rot geworden vor Freude.

Die Artemis von Ephesos, sagte der Vater, hat mehr als ein Jahrtausend lang die Stadt und ihre Bewohner beschützt. Der Vorstoß einer Horde seefahrender Goten im 3. Jahrhundert hat sie geschwächt, das Artemision wurde geplündert, wieder wurde Feuer gelegt. Die Schäden wurden zwar nach dem Abzug der Barbaren behoben, aber ihr Ansehen hatte schwer gelitten. Wenn Artemis ihr eigenes Haus nicht schützen konnte, sagte der Vater, wie konnte sie noch länger Beschützerin der Stadt sein?

Und dann haben sie die Göttin begraben?

Noch nicht, sagte der Vater. Aber schließlich ist auch Ephesos eine christliche Stadt geworden. Eine Zeit lang, sagte der Vater, hielt sich noch der alte Glaube, aber als das Christentum Reichsreligion wurde, Theodosius, sagte ich, der Vater nickte, unter Theodosius ist das Heidentum gewissermaßen amtlich gestorben.

Und Artemis?

Im Jahr 406, sagte der Vater, hat der Bischof Chrysostomos das altehrwürdige Kultbild, das war vom jahrhundertelangen Ölen ganz schwarz geworden, verbrennen lassen.

Er hat die Göttin verbrennen lassen?, fragte ich ungläubig. Wieso haben sie die Göttin nicht gemocht?, der Vater wiegte den Kopf.

Ganz ohne sie ging es ja dann doch nicht, sagte er, vielleicht hat sie ja auf eine Art überlebt.

Draußen fiel ein kalter Regen und ein scharfer Wind trieb tief unter uns ein Grüppchen Studenten über den Platz vor dem Institut. Vielleicht schneit es morgen, dachte ich. Bald war Weihnachten, dass es schneien sollte, dachte ich.

Es ist kein Zufall, sagte der Vater, dass Maria gerade in Ephesos von der Christusgebärerin zur Gottesgebärerin aufgestiegen ist. Aha, sagte ich, der Vater lächelte. Er strich über das Bild der Artemis, das vor ihm auf dem Tisch lag. Die weiße Göttin, sagte er, aber das alte Kultbild war schwarz.

. . . . .

Weißt du denn nicht, was zwischen deinem Vater und Hubert gewesen ist?, hatte Jan gesagt. Da war mir wieder eingefallen, wann ich Hubert das letzte Mal gesehen hatte.

Der Vater war bleich gewesen, tagelang. Die Mutter ging ihm aus dem Weg, wenn ich sie fragte, verdrehte sie die Augen. Der Vater hatte sich in der Bibliothek verkrochen, wenn er zum Essen kam, war er unnahbar. Verräter, sagte er, eine Schlange am Busen genährt, mir meine Themen stehlen. Wer?, hatte ich gefragt, er hatte nur geschnaubt.

Hubert war ins Haus gegangen. Sein Gang war leicht gewesen, er war über die Stufen gesprungen, sie sind wieder gut, hatte ich gedacht. Aber dann hörte ich die Stimme des Vaters aus der Bibliothek, scharf, und Huberts Stimme war wie zerbrochen. Er war aus dem Haus gestürmt, ich war ihm nachgelaufen. Hubert, hatte ich gerufen, sehen wir uns im Herbst? Ich hatte Hubert nie zornig gesehen, ich fürchtete mich vor ihm. Im Herbst also, sagte ich noch einmal.

Ich glaube nicht, sagte er und ging. Aber dann kam er zurück, er beugte sich zu mir, wieder sah ich, von ganz nah, in seine Augen. Ich weiß es nicht, Ana. Er legte mir seine Hand auf die Wange und zog sie schnell zurück. Das habe ich als Versprechen genommen. Er ist gegangen und ich habe ihn nicht mehr wiedergesehen, bis ich in einer hellen Nacht mit meiner wilden Freude auf ihn zugelaufen bin.

. . . . .

Seit Friedrich weiß, dass mein Vater tot ist, ruft er mich täglich an, mehrmals, lass es, Friedrich, sage ich. Ich bin nicht krank, sage ich. Mein Vater ist gestorben, das ist ein wenig anstrengend, aber ich habe es dir gesagt, wir haben uns doch gar nicht mehr gekannt. Und ich muss wirklich, ich muss noch arbeiten, ich komme ja zu nichts vor lauter Begräbnisdenken. Ich habe jetzt wirklich keine Zeit. Hör auf mich zu fragen, sage ich, es geht mir gut, ich habe nur viel zu tun. Nein, sage ich, heute nicht, nicht diese Woche, nach dem Begräbnis irgendwann. Ich ruf dich an, sage ich und lege auf.

. . . . .

Wegen seiner Dissertation, fragte ich Jan erstaunt, deswegen reden sie nicht mehr miteinander?

Es ist ein wenig komplizierter, sagte Jan, und es ist mehr, als dass sie nicht mehr miteinander reden.

Aber sie haben so gerne miteinander geredet, rief ich. Mein Vater hat sich immer so gefreut, wenn Hubert gekommen ist, richtig gefreut, weißt du.

Jan hatte mich aus dem Hof weggezogen. Wir saßen auf dem Mäuerchen vor dem Büro, hinter uns brannte eine schwache Glühbirne, Blüten fielen in orangen Sturzbächen über dunkel glänzendes Grün.

Ich weiß, sagte Jan. Dass dein Vater und Hubert über Jahre ein Gespann waren, das wissen alle hier. Der Professor und sein begabter Student. Hubert war noch im ersten Studienabschnitt, da hat ihn dein

Vater schon mit Aufgaben betraut, über die du als fertiger Akademiker froh bist. Er hat deinem Vater bei seinen Forschungen zugearbeitet, er hatte Zugang zu allen Depots, Archiven und natürlich zum Büro deines Vaters. Bei Ausgrabungen, die dein Vater geleitet hat, hat er wichtige Funktionen übernommen, du kannst dir vorstellen, dass das viel böses Blut gemacht hat. Dein Vater hat ihn gegen alle Angriffe verteidigt. Ein Glücksgriff, hat er mehr als einmal gesagt, für das Institut, für die Archäologie.

Es gibt Menschen, sagte Jan, denen verzeihst du ihren Erfolg, die sind von einer Leichtigkeit und Liebenswürdigkeit, dass man sich mit ihnen freuen muss, wenn sie Erfolg haben. Aber Hubert war, damals jedenfalls, kein einfacher Mensch.

Nein?, fragte ich.

Ich habe ihn bei seiner ersten Ausgrabung in Kärnten kennengelernt. Er war keine zwanzig, ehrgeizig, das habe ich gesehen, fachlich beschlagen, und unmöglich im Umgang mit anderen Menschen, ein Einzelgänger. Er hatte so eine Art, mürrisch und unwirsch, Jan schüttelte den Kopf. Ich habe gesehen, wie er sich über die Jahre verändert hat. Weil er gewusst hat, was er kann, und weil dein Vater ihm vertraut hat, das hat einen anderen Menschen aus ihm gemacht. Jan zündete sich eine Zigarette an.

Das ganze Institut, sagte er, hat Hubert beobachtet und darauf gewartet, dass er einen Fehler macht, aber er hat alles richtig gemacht. Und er hat einen Instinkt gehabt, als könnte er riechen, wo das Essenzielle lag. Beim Graben war es, als hätte er ein System, das Alarm schlug. Manchmal war es fast unheimlich, wie er wusste, was in der Erde zu finden war und was es bedeutete. Dein Vater ist ganz groß geworden vor Stolz, als wäre Huberts Begabung sein Verdienst.

Eine Weile saßen wir still, in den Büschen raschelte es, von Jans Zigarette kräuselte sich ein dünner Rauchfaden.

Sie sind so gut gewesen miteinander, sagte ich schließlich, das wirft man doch nicht einfach weg.

Hubert, sagte Jan, war für deinen Vater wie ein Sohn, ein geistiger Ziehsohn. Er war der, dem er alles hinterlassen, dem er alles weitergeben wollte, was er wusste und was er hatte.

Wieso war es dann ein Problem, wenn er ein Thema meines Vaters aufgenommen hat? Hätte sich der Vater nicht darüber freuen sollen?

Hubert ist mit einer fast fertigen Arbeit zu deinem Vater gegangen. Wie kannst du das tun, habe ich ihn gefragt, du kannst doch keine Diss schreiben und er, der Professor, weiß nichts davon.

Aber natürlich wusste er, dass ich eine Dissertation schreibe, hat Hubert gesagt. Er war mein Doktorvater, wer wäre es sonst gewesen? Du, mach nur, hat der Professor zu ihm gesagt, überrasch mich. Also ist Hubert mit seiner fast fertigen Arbeit zu deinem Vater ins Büro und hat tatsächlich geglaubt, naiv oder abgrundtief dumm, er macht deinem Vater eine Freude.

Und was war sein Fehler?, fragte ich. Wenn der Vater ihm freie Hand gelassen hat.

Jan zündete sich eine neue Zigarette an. Er hätte wissen müssen, woran dein Vater arbeitete, sagte er. Er hat über so viele Jahre so eng mit deinem Vater zusammengearbeitet, wie konnte er es nicht wissen, dass dein Vater seinerseits eine fast fertige Arbeit zum selben Thema hatte!

Jan schlug auf die Mauer, haarsträubende Blödheit!, rief er.

Dein Vater, sagte Jan, hat ein Leben lang immer wieder zur Artemis von Ephesos gearbeitet. Das Geheimnis lüften, das ist einer seiner Titel, lies das einmal, das wollte er sein Leben lang, das Geheimnis der Göttin lüften. Und natürlich hat er das mit seinem Lieblingsstudenten diskutiert, natürlich hat er Hubert mit seiner Begeisterung angesteckt, und wahrscheinlich hätte Hubert, wenn er diplomatischer gewesen wäre, einen Weg finden können, an der Arbeit deines Vaters anzudocken. Vielleicht wäre es aber auch klüger gewesen, sich von ihm unabhängig zu machen. Wie dem auch sei, als er in das Büro deines Vater marschiert ist und ihm die Arbeit auf den Tisch gelegt hat, eine vergleichende Zusammenschau von Bildern kleinasiatischer Göttinnen, das muss deinem Vater vorgekommen sein wie der schlimmste Verrat.

Es war, sagte Jan, er sah zum Hof hinüber, von dem Gemurmel, manchmal ein Gelächter zu uns drang, es war eine Hinrichtung. Dein Vater hat Hubert in seinem Büro zunichte gemacht, den Liebling, den Hoffnungsträger, den Glücksgriff.

Und dann, fragte ich, was war dann?

Hubert ist zu einem anderen Professor gegangen, sagte Jan, der hat das Thema anerkannt, der hat die Dissertation betreut, auch wenn es nicht mehr viel zu betreuen gab. Ihn und deinen Vater hat eine lange Feindschaft verbunden. Dass er jetzt dessen Liebkind betreute, muss ihm eine besondere Genugtuung gewesen sein.

Jan sah mich von der Seite an. Tut mir leid, dass ich dir diesen ganzen Mist erzähle, sagte er. Aber du sollst wenigstens wissen, warum Hubert dich behandelt, als wärst du der Feind.

Und da war nichts mehr zu reparieren?

Jan schüttelte den Kopf. Er suchte nach einer Zigarette, aber das Päckchen war leer. Er zerknüllte es, tastete nach einem anderen Päckchen, nein, sagte er endlich, nicht nach dem, was Hubert ihm noch an den Kopf geworfen hat.

Was war das?, fragte ich, als er nicht weitersprach.

Hubert wollte die Arbeit deinem Vater widmen, er hat gedacht, er macht dem Professor eine Freude. Der Idiot!

Was hat er gesagt?

Jan sah in den dunklen Nachthimmel, an dem ein bleicher Sichelmond stand. Dass dein Vater schon lange keine eigenen Ideen mehr hatte, sagte er schließlich. Dass er, Hubert, ihn in den letzten Jahren mit Ideen versorgt habe. Dass er an verkrusteten Strukturen festhalte, dass er sich weigere, die Jungen hochkommen zu lassen.

Das hat er nicht gesagt!, rief ich.

Er hat das im Zorn gesagt, und nachdem dein Vater ihn als Dieb und Verbrecher und Eindringling bezeichnet hat, als Schlange –

Und hat das gestimmt, was Hubert gesagt hat, fragte ich, dass mein Vater keine Ideen mehr hatte?

Dein Vater hat danach nichts Weltbewegendes mehr publiziert. Er hat, das weißt du, bis vor kurzem das Institut geleitet und die Kampagnen hier, das hat er gut, sehr sorgfältig, sehr umsichtig gemacht. Er hat sich auf die Arbeit an der Uni konzentriert, er hat die Berichte über die Kampagnen betreut, die Herausgabe von Sammelwerken, den Führer zu Ephesos, einen Bildband. Er hat kluge Artikel geschrieben, ein oder zwei größere Publikationen, es war nicht das, was die Kollegen sich erwartet hatten. Seine Arbeit über die kleinasiatischen Göttinnen ist nie erschienen.

Also stimmt es, was Hubert behauptet hat, sagte ich. Dass er keine Ideen mehr hatte.

Nein, sagte Jan. Ich glaube nicht, dass das stimmt. Ich glaube, es ist wohl so, dass etwas in ihm zerbrochen ist, als er sich mit Hubert überworfen hat. Das hat dein Vater Hubert nicht verziehen.

Und seitdem, sagte ich, wegen dieser alten Geschichte –

Jan schüttelte den Kopf. Es ist keine alte Geschichte, für keinen der beiden ist es eine alte Geschichte. Seltsamerweise hat dein Vater nichts unternommen, um Huberts Dissertation zu verhindern. Vielleicht hat Hubert das als Zeichen gesehen, dass eine Versöhnung möglich wäre. Vielleicht ist er deswegen am Institut geblieben, vielleicht wollte er ihm etwas beweisen, oder etwas gutmachen, ich weiß es nicht. Und dein Vater hat ihn nicht hinausgeworfen, auch das hat keiner verstanden. Kann sein, dass er wollte, dass Hubert aus Eigenem geht. Kann sein, dass er ihn an der kurzen Leine halten, ihn unter Beobachtung haben wollte. Er hat ihn zwar nicht hinausgeworfen, aber er hat alles darangesetzt, das Fortkommen Huberts am Institut zu verhindern, und er tut es heute noch.

. . . . .

Lass das, hat Friedrich an diesem Abend vor drei Jahren gesagt, aber da war sein Atem schon mit meinem. Ich will das nicht, hat er gesagt, warum bist du dann hier? Als hätte er noch nie geliebt. Er hat meinen Namen gestammelt, geh jetzt, habe ich gesagt.

. . . . .

Eine schwarze Traurigkeit hatte mich in der dritten Woche in Ephesos überfallen. Jan war weggefahren, er fehlte mir, das Hanghaus fehlte mir, dass ich auf hellem Grund die Zeit gesucht hatte, Schleier, die vor meine Augen fielen. Zwei Tage drehte und wendete ich die Steine im Marmorsaal, drehte sie, wendete sie, legte sie wieder zurück. Wenn ich im Grabungshaus meinen Vater und Hubert beobachtete, kalte Nichtachtung. Wie es dem Vater das Gesicht verzog, wenn es sich nicht vermeiden ließ, dass er mit Hubert ein Wort wechseln musste. Wie Hubert höhnisch über mich hinwegsah, wenn er auf mich traf. Wie der Vater schnaubte er. Was hatte ich ihm getan? Ilse, von der ich nicht viel mehr wusste, als dass sie die Freundin meines Vaters war und im Depot arbeitete, Ilse sah mich manchmal an, als wüsste sie etwas.

Einmal habe ich den Vater gefragt, weißt du noch, wie es früher gewesen ist, wie Hubert bei uns war, das weißt du doch noch? Der Vater ist aufgestanden und gegangen.

Du solltest, sagte Ilse leise, mit deinem Vater nicht über Hubert reden.

Du sagst mir jetzt aber nicht, worüber ich mit meinem Vater reden darf, entgegnete ich ihr scharf. Ihr Gesicht zerfiel in tausend Teile, das habe aber nur ich gesehen.

Weil mich die Traurigkeit aus der Stadt trieb, weil ich die Menschen nicht ertrug, die täglich, als gehörte die Stadt ihnen, meine Straßen und meine Plätze eroberten, deswegen bin ich mit Martin mitgegangen.

Das wird nicht sehr spannend für dich sein, sagte er, Mauerbegehung. Ich sammle erste Befunde, fotografiere die Abschnitte von beiden Seiten, das wird langweilig für dich sein.

Ich lachte. Das hat Jan auch gesagt, dass mir langweilig sein wird beim Vermessen, aber das war es nicht. Ist es dir denn langweilig?, fragte ich Martin.

Nein, sagte er, natürlich nicht.

Stört es dich, wenn ich mitgehe?

Nein, sagte er, und ich ging mit ihm mit, obwohl er, dachte ich, lieber alleine gewesen wäre.

. . . . .

Seit ich vom Tod des Vaters gehört habe, bin ich mit unserem Projekt, Bürotürme aus Stahl und Glas, nicht weitergekommen. Als läge es schon hinter mir, so denke ich daran, als wäre es abgetan und nicht mehr meins. Wenn ich nach Hause komme, setze ich mich an den Schreibtisch, um zu arbeiten. Aber immer wieder gebe ich in die Suchmaschine »Ephesos« ein, »Artemis«, »Artemision«, »Österreichisches Archäologisches Institut«. Ich klicke mich durch die Seiten, ich verirre mich zu Riten und Mysterien, Fruchtbarkeitsgöttinnen, ich gebe Namen ein, die ich von damals noch weiß. Ich verliere mich in Aufsätzen über ephesische Bauforschung, Spuren meines Vaters im virtuellen Raum. Langjähriger Grabungsleiter, lese ich, Universitätsprofessor, Leiter der Forschungsstelle Archäologie der Österreichischen Akademie der Wissenschaften, Direktor des Instituts für Kulturgeschichte der Antike der ÖAW, Direktor des Österreichischen Archäologischen Instituts, Ehrenkreuz und Ehrendoktorat, kein gleichgültiges Leben, das nicht.

Endlich, weit nach Mitternacht, beuge ich mich über meine Skizzen, zwinge mich, bis mir die Zahlen und Zeichnungen vor den Augen verschwimmen, und als es dämmert, mich fröstelt, so grau ist der Morgen, habe ich fast vergessen, dass mein Vater tot ist.

. . . . .

Ich war mit Martin in den Hügeln. Dort waren Vögel in der Luft, Wolken von blauen Vögeln, die warfen sich aus der Schwärze einer Schlucht wie jubelnd in den Äther. Kleine Tiere waren da, Eidechsen, die huschten in die Ritzen und über die Steine, die hielten ihre Köpfe in die Sonne und starrten, wimpernlos, ins Licht, das in den Hügeln golden war, auch am Mittag, und grün. Da waren Schlangen, Erdtier, Höhlentier, vertrieben, sagte Martin, von einem patriarchalen Gott, die flohen vor unseren Schritten. Einmal hat mich eine angesehen, goldgefleckte Augen, oder habe ich das geträumt.

In den Hügeln ließ ich die Stadt hinter mir, ihre Steinschluchten, ihre Plätze, ihre Tempel. Manchmal wehte der Ruf des Muezzins, eine Klage, über die Hügel. Eine Linie im Gras, eine Linie am Horizont, das blieb von der Stadt. Wenn ein Wind ging, wogte das Gras in Wellen.

Die Mauern, sagte Martin, machen erst die Stadt. Eine Mauer setzen, eine Grenze ziehen, nur da, wo nicht Wildnis ist, da ist der Mensch mehr als nur ein jagendes Tier. Er lächelte, wie um sich zu entschuldigen. Was in der Wildnis wohnt, sagte er, muss uns eine entsetzliche Angst gemacht haben. Warum sonst hätten wir so viele Anstrengungen unternommen, sie zu überwinden?

Eigentlich beginnen wir ja mit der Vertreibung aus einem Garten, sagte er. Aus dem Garten, wo der Löwe neben dem Lamm liegt, sind wir vertrieben worden in ein ödes finsteres Land, in dem der Tod wohnt. Seitdem suchen wir den Garten und was er verspricht. Die ersten großen Städte, Ur, Uruk, Babylon, Ninive, das Paradies war dort, weißt du das? Und die großen Städte sind die Antwort darauf.

Es gibt aber keinen Schutz hier, sagte er ein anderes Mal, zu mir oder nicht zu mir. Etwas brannte in seinen Augen. Nichts von dem, was wir bauen, Mauern und Wälle und Türme, kann uns schützen. Sein Blick suchte die Verlängerung der Mauerlinie auf dem nackten Stein. Er wies auf die Abarbeitungen am Felsen hin, das war geblieben vom mächtigen Wall. Es gibt keinen Schutz, sagte er.

Am späten Nachmittag trafen wir uns mit den anderen, mit Werner, der vom Bülbüldag herunterkam, mit Sophia und Ingrid, die den Mauerverlauf zum koressischen Viertel hinunter suchten.

Es stellt sich natürlich die Frage, sagte Sophia und funkelte Werner an, ob der Koressos zum Hinterland der lysimachischen Stadt oder zu den innerstädtischen Bezirken gerechnet wurde.

Werner nickte, natürlich, sagte er, aber, ist das unsere Fragestellung? Das ist eine Diskussion, die in der

Hauptsache auf literarischen Quellen beruht, es ist nichts wirklich Neues dazugekommen.

Eben, sagte Ingrid, wenn wir, sagte sie, das Koressische Tor lokalisieren könnten.

Habt ihr Hinweise im Gelände gefunden, habt ihr Ansatzpunkte für eine Sondage?

Nein, sagte Sophia, noch nicht, aber du wirst schon sehen.

Wie wollt ihr, fragte ich Martin, das zu viert untersuchen? Die Mauer ist mindestens neun Kilometer lang, steht in meinem Führer, innen und außen das Doppelte, wie wollt ihr das zu viert untersuchen?

Martin lachte, ich mochte es, wenn er lachte. Zu fünft, sagte er, mit dir sind wir fünf.

Wir sind nur der Vortrupp, sagte Werner. Nächste Woche kommt ein Schwung Archäologen, Architekten, Restauratoren. Wir machen schon einmal die Vorarbeiten, um die Gruppen dann gut einteilen zu können, um Fragestellungen auch noch zu schärfen. Wir treffen uns nach dem Abendessen noch einmal, sagte er zu den anderen, als wir im Grabungshaus ankamen. Bis morgen, sagte Martin, du kommst doch wieder mit?

. . . . .

Wochen später stand Friedrich in der Tür, die Niederlage im Gesicht und eine Verzweiflung im Körper, ich will mit dir schlafen, hat er gesagt, ich will mir wenigstens einbilden können, dass ich etwas von dir weiß. Er muss etwas in meinem Gesicht gesehen haben, weil er mich grob zu sich gezogen hat. Ich mag Frauen nicht, die so sind wie du, sagte er, sein Mund fiel über meinen her. Als er in mich eindrang, schluchzte er.

Dann war es vorbei, sein feuchtes Haar, du magst also Frauen nicht, sagte ich, die so sind wie ich. In einer Fluchtbewegung zu mir hin suchte er in meinen Augen nach einem Einverständnis, für mich bist du anders. Nein, sagte ich, das bin ich nicht.

. . . . .

Das Grabungshaus war mir in dieser dritten Woche zu einem gefährlichen Ort geworden. Was in den Hügeln flatterte und kroch und huschte, was zirpte und gellte und schrie, hoch im Blau, das hatte mich leicht gemacht und hell. Im Grabungshaus, wo Hubert mich nicht kennen wollte, überfiel mich eine fremde Schwärze. Dass den Vater und Ilse ein Einverständnis verband, ohne mich, als nähmen sie mir etwas weg.

An einem Abend sah ich in der Dämmerung zwei unter orangen Blüten stehen, das waren Martin und Sophia, die nichts zu interessieren schien als ihr koressisches Viertel, ihr koressisches Tor. Die ungeduldig war mit Martin, Fakten, sagte sie, wenn er so vor sich hin dachte, wenn er sagte, Gott hätte, von Gott aus gesehen, ja, sagte sie, ja Martin, schon gut, aber das bringt uns jetzt nicht wirklich weiter. Die, wenn sie sich neben einen setzte, ihren Arm um ihn legte, aber nie hat sie das bei Martin getan, nie ihn in der Öffentlichkeit auch nur am Arm berührt oder an der Schulter. Die sich im Bus immer neben Werner setzte, mit ihm lachte und tändelte, aber nie, auch später nicht, mit Martin, sie saßen noch nicht einmal beim Frühstück zusammen. Aber da stand Sophia mit Martin unter orangen Blüten, umarmte ihn in der Dämmerung, als würde sie, wie ein Zicklein, mit dem Kopf in seine Brust hineinstoßen. Wo traf mich das und wie.

Da war mir dann schon schwer im Kopf, wie übel auch. Was ist los, Anastasía?, fragte der Vater, da rannen mir schon Tränen übers Gesicht. Du hast einen Sonnenstich, sagte er. Wie hätte ich ihm sagen sollen, dass es das Leben der anderen war.

Du legst dich sofort hin, sagte der Vater.

Ich will ins Hotel, sagte ich, nicht in dem Bett liegen, in dem Ilse mit dem Vater schlief. Dann musste ich weinen, wie ich nicht geweint hatte, seit ich ein Kind war.

Der Vater saß an meinem Bett, was ist denn los?

Gar nichts, sagte ich und musste noch mehr weinen, und der Vater saß neben mir. Die Hotelwirtin brachte mir zu trinken, eine Suppe auch, dann bin ich eingeschlafen und träumte von riesigen feurigen Rädern, die drehten sich immerzu. Der Vater ist die ganze Nacht auf dem Gang vor meinem Zimmer gesessen. Von dort sah er die Moschee und die Bäume im Innenhof und den Mond, der über die Moschee hin wanderte, und manchmal hat er in mein Zimmer geschaut und mir die Hand auf die Stirn gelegt.

Du bleibst heute liegen, sagte der Vater in der Früh.

Aber, sagte ich, wir wollten doch nach Pergamon übers Wochenende.

Das machen wir ein anderes Mal, sagte der Vater. Ich komme zu Mittag vorbei, die Gizem, das war die Wirtin, bringt dir alles, was du brauchst.

Ich schlief wieder ein. Auf einmal wusste ich, dass ich mich entscheiden musste, die feurigen Räder knirschten.

Der nächste Tag war ein Sonntag, wir fuhren nach Priene, das lag näher als Pergamon, der Vater, Ilse und ich, Familie, dachte ich. Ich wanderte mit ihnen durch die Ruinenstadt, ich sah ihnen zu, wie sie sich und mir die Stadt erklärten.

Am Abend sind wir ins Grabungshaus zurückgekommen. Aus dem Speisesaal fiel in hellen Vierecken das Licht in die Dämmerung. Hubert war da. Als er aus dem Innenhof wegging, folgte ich ihm.

Hubert, sagte ich.

Er drehte sich um, die Nacht lag auf seinem Gesicht.

Ich weiß jetzt, sagte ich, was zwischen meinem Vater und dir war.

Hubert rührte sich nicht.

Aber, sagte ich, das hat doch nichts mit mir zu tun. Ich mag nicht, meine Stimme war sehr klein, ich mag es nicht, dass es so ist zwischen uns, als ob ich dein Feind wäre.

Die Nacht war still, etwas Schwarzes schreckte auf.

Hubert machte einen Schritt auf mich zu, ich konnte nicht lesen, was in seinem Gesicht war. Er legte mir seine Hand auf die Wange, wie schon einmal, und zog sie schnell zurück. Er ging und ich lauschte in die Nacht.

. . . . .

Ich bin im Ephesosmuseum gewesen. An der Kassa habe ich den Ephesosführer gekauft, neu überarbeitet und ergänzt. Mein Vater hatte mir den Vorläufer gegeben, die Arbeit der letzten Jahre, hatte er gesagt, ich habe ihn nicht mitgenommen.

Am Südwestfuß des Ayasoluk, lese ich, bestand bei Ankunft der Griechen in Kleinasien ein Kultbezirk einer später als Artemis verehrten einheimischen Baum-, Quell- und Fruchtbarkeitsgöttin. Mädchenjahre einer Göttin, Baumnymphe, Quellnymphe, scheu vielleicht.

Das ephesische Siedlungsgebiet war ursprünglich die alleinige Domäne der Kybele, phrygische Muttergottheit, die war aber nicht zu zähmen, nicht hellenisierbar, rasende Große Mutter.

Kroisos, der Lyderkönig, erhob die Mädchengöttin vom Ayasoluk zur obersten Göttin. Als Artemis dachte er sie, als dunkle Schwester des Apoll, aber, so denke ich es mir, etwas von Kybele ist in die Nymphe gefahren, zerreißend, verschlingend, zauberisch dunkel.

Kroisos ließ einen Tempel bauen, der wurde die Heimstätte der Nymphe, da war sie in Stein gebannt, die Herrin der Tiere, Stadtgöttin, die aus der Wildnis kam. Aber niemand hat sie in die Erde gebettet, um sie zu schützen und um ihres Schutzes gewiss zu sein. Sie ist von ihrem Sockel gestürzt, ein Erdbeben vielleicht hat sie entthront. Ihr Kultbild wurde verbrannt und ihr Tempel der allerverödetste, der allerelendste Ort.

. . . . .

Am nächsten Morgen setzte sich Hubert zu mir an den Tisch, mir schräg gegenüber, guten Morgen, Ana, sagte er, etwas war rau in seiner Kehle. Der Vater war bei einer anderen Gruppe, Neuankömmlinge. Einmal, glaube ich, wollte Hubert etwas sagen, da war so eine Bewegung, es ist aber dann ein anderer an den Tisch gekommen. Er hat genickt, ein schnelles Lächeln war da, als Hubert aufstand, auf Wiedersehen, Ana, sagte er.

Als dann mein Vater auf mich zukam, musste ich mein Gesicht verschließen, dass ihm nicht die Freude entgegenplatzte. Ich fahr mit dir, sagte ich, ich war so lange nicht mehr in der Stadt. Im Bus saß ich neben dem Vater, eine schreckliche Sehnsucht schwallte in mir hoch. Ich drückte mein Gesicht an seinen Arm, dass ich ihn verraten würde, das wusste ich schon.

Möchtest du uns helfen? Wir können immer jemanden brauchen, der noch zeichnet, es muss ja für eine Bestandsaufnahme jeder Stein gezeichnet werden.

Denkst du denn, dass ich das kann?

Probier's, sagte er.

Wieder ein anderes Lesen der Stadt, die Steine lesen und was in sie eingeschrieben ist.

Du musst unterscheiden, sagte Norbert, der mich einführte, was wichtig ist und was nicht. Du musst sehen können, was da ist, und du musst, was du siehst, interpretieren. Danach entscheidest du, was du zeichnest und was nicht. Von Menschen gemachte Spuren, sagte er, Abschläge, siehst du, Bohrlöcher, Klammerlöcher, unterschiedliche Schlagtechniken.

Wenn ein Stein zwei solche Vertiefungen hat, sagte er, dann ist das kein Zufall. Die hier, er zeigte auf Löcher, die fast kreisrund, wo die Steinblöcke aufeinanderlagen, in je zwei Steine eingeschlagen waren, die sind nachträglich angebracht worden. Hier waren Klammern drinnen, Bronze- oder Eisenklammern, die die Steine zusammengehalten haben. In der Zeit des Verfalls haben die Leute, Bronze und Eisen waren wertvolle Metalle, und das hier war offenbar am leichtesten verfügbar, also haben sie die Klammern herausgeholt. Diese Löcher erzählen uns etwas über die wirtschaftliche Lage der Region, über den Niedergang des Bergbaus und des Handels. Er lachte, versuch es einfach, sagte er und ging zu seinem Abschnitt zurück.

Erst sah ich nichts, außer Stein und Spuren der Verwitterung, Moose und Flechten. Dann sah ich Einarbeitungen, anfangs fragte ich noch, gehört das zur

Bestandsaufnahme dazu? Die Flechten sind hübsch, aber nicht wichtig, sagte Norbert, das hier, er zeigte auf ein kleines quadratisches Loch, eine Kerbe, einen Riss, ein abgeschlagenes Eck, das ist wichtig. Dann wurde ich sicherer, die Eigenart jedes Steins und seine Geschichte erkennen, hatte Norbert gesagt.

Am Nachmittag kam der Vater vorbei und sah sich meine Zeichnungen an. Er verglich sie mit den Steinen, was denkst du ist das?, fragte er mich.

Keine Ahnung, sagte ich, eine Vertiefung, eine Rinne, eine Rille.

Und warum ist die hier?

Keine Ahnung, sagte ich, muss ich das wissen, um es gut zu zeichnen?

Es hilft, sagte der Vater und hielt mir einen Vortrag über antike Bautechnik. Gute Arbeit, sagte er, als er wieder ging. Er sah die Umstehenden an, als wollte er sagen, meine Tochter, das ist meine Tochter.

Du musst nicht den ganzen Tag arbeiten, sagte mein Vater, aber ich wollte es. Körniger Grund, wie die Steine ineinander gefugt waren, wie die Reihen abschlossen, Fugen, Spalten, Löcher, Vertiefungen im Stein.

Jeden Tag in dieser Woche habe ich Hubert gesehen. Jeden Tag, in der Früh, am späten Nachmittag und am Abend. Wenn wir ins Grabungshaus zurückkamen und er war schon da, er ist auf der Veranda gesessen oder im Hof unten, und wenn ich vorbeiging, hat er aufgesehen. Ana, hat er gesagt, wenn ich allein war, wenn der Vater neben mir war, hat er nichts gesagt. Wenn wir vor ihm im Grabungshaus waren, habe ich mich auf das Mäuerchen vor dem Büro gesetzt; sein schnelles Lächeln immer, wenn er mich sah.

Wir haben nicht miteinander geredet, was hatten wir zu reden? Aber erst wenn er mich begrüßt hatte, mit einem Wort, einem Blick, seinem schnellen Lächeln, erst dann setzte er sich zu den anderen. Immer in dieser Woche gehörte sein erstes Wort mir.

. . . . .

Wenn ich jetzt an Hubert denke, das habe ich nicht getan in all den Jahren, ich habe ihn mir aus dem Leib getrieben, den Vater auch, aus dem Leib gefickt, sage ich mir, wenn ich mich sehr hasse, mich mir selbst aus dem Leib gefickt. Lernen, arbeiten, ficken, Vernichtungsrasen. Seit der Vater tot ist, ist eine schreckliche Süße in mir, wenn ich an Hubert denke. Ich hatte ihn wiedergefunden, er hatte meinen Namen gesagt, ich hätte mich damit zufriedengeben sollen.

. . . . .

Einmal sind wir, unvermutet, einander gegenübergestanden, allein, da war sonst niemand. Eine Röte ist ihm über das Gesicht gegangen, Ana, hat er gesagt, wie erschrocken. Was sagen, Sätze sagen, geht's dir gut, Hubert?, ich weiß gar nichts von dir, erzähl mir was von früher, von jetzt. Ein Schwall von Sätzen, Hubert zögerte, als wollte er wieder gehen.

Magst du auch einen Tee?, fragte er schließlich.

Nein, sagte ich, doch, sagte ich dann, weil das Nein so abweisend geklungen hatte, doch, bitte, gerne.

Ich sah ihm zu, wie er mit dem Teegeschirr hantierte, die bauchigen Gläser mit rotem Rand. Eine Ameise tappte über den blauen Tisch, ich gab es auf, Sätze sagen zu wollen. Zucker?, ich nickte. Die Schatten, die um seine Augen waren, kannte ich die von früher? An seiner Schläfe pochte etwas und draußen kroch die Dämmerung über den Tag. Jemand lachte, ein Hund bellte wo, noch einer. Weil Hubert Schnitte an den Händen hatte, was hast du da?, fragte ich und fuhr über die Aufschürfungen. Er zog die Hand zurück, so schnell, dass er das Teeglas umwarf. Entschuldige, sagte ich, er fluchte. Die braune Flüssigkeit tropfte zu Boden, ich mach das schon, sagte er schroff, als ich nach einem Tuch griff.

Ich ging in den Hof hinaus, er hat mir aber ein Glas Tee nachgebracht, sehr süß, und ein Keks dazu. Etwas hat mich gestreift, als er sich zu mir gebeugt hat. Er hat den Tee vor mich hingestellt, ich habe ihm in die Augen geschaut von sehr nah.

Mittags waren an manchen Tagen die Gladiatoren in der Stadt. Es hatte 39 Grad mittags, oder mehr. Ich war hoch oben im Theater und zeichnete Stufensteine, die Stadt lag zu meinen Füßen und auf der Arkadiane zog, zu Fanfarenstößen, Kleopatra ein. Jede halbe Stunde die Fanfaren, Hollywood, dachte ich, jede halbe Stunde Kleopatra, die mit ihrem Gefolge aus dem Wäldchen kam. Sie nahm auf ihrem Thron Platz, Frauen in bunten Schleiergewändern tanzten und schlugen das Tamburin, Gaukler jonglierten Bälle, Gladiatoren sprangen einander mit dem Schwert an und das bezahlte Publikum johlte und schrie. Schrecklich schlechtes Theater, aber ich liebte es, wenn die Fanfarenstöße erklangen. Kann ich mir freinehmen?, fragte ich meinen Vater, ausnahmsweise, sagte er.

Ich lief und schaute den Gladiatoren zu, oder ich lief vors Theater und setzte mich unter den Birnbaum, der dort stand. Alle Reisegruppenführer stellten sich unter diesen Baum und erzählten die Geschichte, wie der Apostel gegen Artemis gewettert hatte, hier, sagten sie, als wäre er genau unter diesem Baum gestanden, unter dem Birnbaum, an dem schon jetzt klein und gelb die Früchte hingen. Einen habe ich einmal gesehen, der rüttelte am Baum, verbissen, als hätte er ein Recht, das waren aber, dachte ich, heilige Früchte, die niemandem gehörten.

Wie das Theater gedröhnt hatte, das hatte mir der Vater ganz früh schon erzählt, die Paulusepheser-sache, hatte er gesagt, das kannst du in der Bibel nachlesen, Apostelgeschichte. Er hatte es mir vorgelesen, und später, ich war noch kaum des Lesens mächtig, hatte ich es mir selbst zusammenbuchstabiert, den Aufstand der Silberschmiede und wie sie geschrien hatten, wie aus einem Mund, fast zwei Stunden lang. »Groß ist die Artemis der Epheser!«

Ich mochte Paulus nicht, weil er die Göttin nicht mochte. Ihr Männer von Ephesus, deklamierte ich vor dem Vater, was der Stadtschreiber gesagt hatte. Ihr Männer von Ephesus, rief ich und warf mich in die Brust. Wer in aller Welt wüsste nicht, dass die Stadt der Epheser die Hüterin des Tempels der großen Artemis und ihres vom Himmel gefallenen Bildes ist? Das kann niemand bestreiten, ha! rief ich dem Vater kampfeslustig entgegen.

Nein, rief der Vater, niemand! Manchmal rief er noch, haut ihn!, aus der Stadt mit ihm!, und deutete auf Paulus, obwohl der nach dem Bericht der Apostelgeschichte nicht im Theater gewesen war.

Ich hob beschwichtigend die Hand. Darum geziemt es euch, sagte ich und sah den Vater streng an, geziemt es euch, überlegene Ruhe zu zeigen und nichts Übereiltes zu tun. Wir laufen ja Gefahr, rief der Stadtschreiber, rief ich, wir laufen ja Gefahr, des Aufruhrs angeklagt zu werden, und es fehlt jeder triftige Grund, mit dem wir diesen Auflauf rechtfertigen könnten. Damit ging ich, mir ein Leintuch wie eine Toga um die Schulter werfend, hochmütig an Paulus vorbei, der aber gar nicht da gewesen war. Der Vater murmelte, nichts Übereiltes tun, sehr wohl, keine Rechtfertigung für einen Auflauf. Ich drehte mich noch einmal um und rief, aber groß ist die Artemis der Epheser, und der Vater stimmte jubelnd ein, bis ich wieder von vorne begann, ihr Männer von Ephesus.

Wenn es zu Mittag manchmal Auflauf gab, wollte ich mich ausschütten vor Lachen. Es fehlt jeder triftige Grund, flüsterte ich dem Vater am Tisch zu, mit dem wir diesen Auflauf rechtfertigen könnten. Die Mutter wusste nie, warum wir kaum essen konnten vor Lachen, wenn es Auflauf gab.

Nach dem letzten Fanfarenstoß kletterte ich wieder die Stufen hinauf zu meinen Skizzen. Männer von Ephesus, rief ich dem Vater über die Weite des Theaterrundes hinweg zu, dass es hallte. Er lachte, mein Vater, mein Kindheitsvater, groß ist die Artemis von Ephesos, rief er, hoch aufgereckt, lachte und winkte und ich beugte mich wieder über meine Zeichnungen.

. . . . .

Die Schönheit und Kraft der Jugend, schreibt der Vater, und die Wut der Toten. Wie die Toten zähmen? Es muss sich keiner fürchten, schreibt er, dass ich zurückkommen werde.

Die Schönheit des Steins, schreibt er, zerstört noch schön, anders als menschliche Schönheit, die schmilzt im Feuer der Zeit. Was lieben wir denn, schreibt der Vater, wenn wir lieben.

Wie denn, schreibt er, wie ist es zu ertragen, dass alles um uns zerfällt. Dass das Fleisch, das wir geliebt haben, zerfällt, schmilzt, Würmerfraß werden soll. Wer sind wir denn, was bin denn ich.

Wenn du einmal stirbst, habe ich den Vater gefragt, da war ich fünf, kommst du zu mir zurück?

Nein, hat er gesagt, das würdest du nicht wollen, ich wäre ja ein anderer.

Aber, habe ich ihn gefragt, wo wirst du dann sein?

Er hat mich in die Arme genommen, nie würde er sterben, das ginge ja gar nicht. Seine Augen hatten die Farbe der Pappeln im Frühling.

Wo wirst du sein?

An einem anderen Ort.

Kann ich da auch sein?, fragte ich.

Nein. Das soll dich nicht traurig machen, sagte er, es wird gut sein, wie es ist.

Den eigenen Verfall ignorieren, schreibt der Vater. Dass wir hinfällig werden und vergehen, das ist ja nichts, das der Rede wert ist, das eine Überlegung lohnt. Die Toten sind stumm, hat das der Vater einmal gesagt? Nur bei den Lebenden ist ein ewiges Schwätzen.

. . . . .

Einmal bin ich mit dem Vater nach der Arbeit im Theater in den Hafenbereich gegangen, dort waren am Weg und wo es feucht war trotz der Hitze kleine knallgrüne Frösche, die sprangen vor unseren Schritten auf in alle Richtungen. Dort waren Brombeersträucher, Distelwälder, lilafarben, Streifen von wogendem Schilf und Steine, die seit Jahrhunderten fielen und gehalten wurden vom Fall.

Hier war, sagte der Vater, hier war das pulsierende Zentrum der Stadt, hier liefen alle Fäden zusammen. Wir sahen auf das Dunkelgrüne, das einmal das Hafenbecken gewesen war. Hier lagen die Schiffe, hier waren die Lagerhäuser, die Zollbehörde, die Büros der Reedereien, die Magazine, und natürlich waren hier auch die Kneipen, die Spelunken und die Bordelle.

Ah ja, sagte ich, also doch.

Über das Dunkelgrüne zog ein Storch, und Frösche hüpften auf, als wir zu den Steinhaufen, die die Thermen gewesen waren, zurückkehrten. Dass für mich die Stadt woanders pulsierte, dachte ich.

Es muss, sagte der Vater, in den Bädern ein unbeschreiblicher Lärm geherrscht haben. Seneca etwa beklagt sich in einem Brief über das Stimmengewirr, das Geschrei und das Ächzen der Leute, die mit Hanteln turnen, das Klatschen der Hände der Masseure, das Falsett der Haarauszieher, die ihre Dienste anpreisen, und das Zetern ihrer Opfer, wenn ihnen die Haare ausgerissen werden. Am liebsten, schreibt er, am liebsten möchte man taub sein.

Da hätte er jetzt eine Freude, sagte ich, jetzt ist es ganz ruhig hier.

Als wir auf Hügel kletterten und uns durch Gebüsch arbeiteten, erzählte der Vater von Raubgrabungen, eine Schande, sagte er. Es müssen Arbeiter von hier beteiligt sein, so professionell ist gegraben worden. Als hätte man gewusst, wo was zu finden war. Schändung der Toten, sagte der Vater, und ein Verbrechen an den Lebenden.

Was ist dir der liebste Ort?, fragte ich ihn, als wir auf der Arkadiane zurückschlenderten, auf die Allee zu, die zum Ausgang führte. Was ist dir der liebste Ort hier?

Du stellst Fragen, sagte der Vater. Als ob man das so sagen könnte. Er blieb stehen, er sah sich um, immer der, wo ich arbeite? Der Birnbaum auf dem Staatsmarkt, sagte er, zwischen dem Tempel und dem Bouleuterion, von der Südstraße aus gesehen. Die Bibliothek natürlich, immer wieder die Bibliothek, am späten Nachmittag, wenn sie wie von innen glüht. Ich nickte. Das hier, er deutete auf die Malven, die rosa und lila hoch schwankten, das in der Vormittagssonne. Das Serapeion. Irgendwann werden wir es in Angriff nehmen, eine Anastylose wäre schön, vielleicht kann ich das noch sehen, wenn es wieder aufgestellt wird.

Ich mag es, wie es jetzt ist, sagte ich und dachte an das hingeworfene Durcheinander der Marmorblöcke und wie mir eine Echse einen Schrecken in die Brust geworfen hatte.

Das Stadionsüdtor, sagte der Vater, da war ich in einem Sommer, vor, ich weiß es nicht, ich war fünfundzwanzig, sechsundzwanzig, das steht so frei in der Landschaft. Die Stadt ist ja viel größer als das hier. Wir müssen, sagte er, auf den Bülbüldag gehen, willst du? Erst wenn du aus der Stadt draußen bist, wenn du von oben herunterschaust, die Stadt und das Land von oben siehst, erst dann begreifst du die Stadt.

Schnell gingen wir an den Marktständen, die hinter dem Ausgang lagen, vorbei. Eine Schande, sagte der Vater und zeigte auf eine Kollektion von Artemisstatuen aus Plastik, vielbrüstig, in allen Größen. Die Göttin sollte uns schaudern machen, sagte er, aber nicht so!

An der Bushaltestelle setzten wir uns in den Schatten, der Vater holte tief Luft. Das Artemision natürlich, sagte er. Immer und immer wieder das Artemision, aber das weißt du.

Ich nickte.

Ich war dabei, als wir 1965 die Ausgrabungen beim Artemision wiederaufgenommen haben. Ich hätte gerne mit dem Artemision aufgehört, nächstes Jahr gehe ich offiziell in Pension.

Heißt das, fragte ich entsetzt, du kannst nie wieder hierher?

Nein, er lachte, natürlich nicht, aber ein geordneter Rückzug empfiehlt sich doch.

Warum bist du dann nicht im Artemision?, fragte ich, da sind doch Projekte.

Eins davon ist auch mein Projekt, sagte der Vater, war meines, ist mein Projekt gewesen. Etwas wie ein Krampf ging über sein Gesicht.

Und wieso, fragte ich, weil er nicht weitersprach, wieso bist du dann nicht dort?

Der Vater stand auf, er starrte, als gäbe es Interessantes zu sehen, in die Landschaft. Die Gerlinde, sagte er dann, als referierte er einen Text, die für das Theaterprojekt zuständig ist, hat einen Unfall gehabt, gleich zu Beginn. Komplizierte Brüche, sie fällt für den Rest der Kampagne aus. Das Theater ist aber das Prestigeprojekt momentan. Die Türken wollen es wieder bespielbar machen, er schnaubte, du weißt, was ich davon halte. Die Grabungsleitung hat mich gebeten, für Gerlinde einzuspringen. Und wenn dich die Grabungsleitung bittet, dann tust du es auch, weil es das ist, was der Sache am meisten dient. Das ist Chefsache, hat Hans gesagt, wenn schon Änderungen, dann musst du das machen. Für die Türken bist du der Chef. Und es ist wahr, ich kenne das Theater besser als er. Dazu kommt, dass Hans die Leitung das erste Jahr macht und ich will ihn selbstverständlich unterstützen, wo ich nur kann. Wenn sich die Türken querstellen, ist unsere Arbeit hier insgesamt gefährdet, das ist ja immer auch eine Sache der Diplomatie. Also habe ich das Theater übernommen, auch wenn das Artemision, der Vater stieß die Luft aus. Ich habe es übergeben, sagte er, jedenfalls für die Dauer der Kampagne, und nächstes Jahr bin ich nicht mehr dabei. Das ist einmal so, man macht seine Arbeit da, wo man gebraucht wird, das kann man sich nicht immer aussuchen.

Aber du hast es nicht gerne getan, sagte ich leise.

Nein, sagte er, ich habe es nicht gerne getan. Wir stiegen in den Bus ein, das Stadion, siehst du, sagte der Vater, als wir Richtung Selçuk fuhren, das Vediusgymnasium, hoch wölbten sich die Tore.

Wer hat das Projekt übernommen?, fragte ich den Vater, und weil er mich nicht zu hören schien, fragte ich noch einmal, wer leitet jetzt dein Projekt?

Seine Handbewegung und wie er den Atem durch die Nase stieß, sag deinem Vater, hatte Hubert gesagt, er braucht mir keine Spione zu schicken, wenn er etwas wissen will, dann soll er zu mir kommen. Hubert, sagte ich, Hubert hat dein Projekt übernommen.

Der Vater starrte in die Landschaft, die golden in der Abendsonne glänzte. Nach vierzig Jahren, sagte er, seine Stimme klang gepresst, muss man seine Dinge wohl einmal abgeben, das ist zu lernen.

Darauf wusste ich nichts zu sagen, wir fuhren schweigend bis zur Endstation. Beim Busbahnhof stiegen wir aus. Erst als wir an der Ampel warteten, wandte sich der Vater mir wieder zu. Und du, sagte er, was ist dir das Liebste hier?

. . . . .

Erzähl mir was von dir, sagt Friedrich manchmal.

Was willst du wissen? Ich frag dich ja auch nicht.

Nein, das tust du nicht. Wenn du es tätest, ich würde dir was erzählen. Aber du fragst ja nicht, du hast noch nie gefragt.

Ich weiß genug, sage ich. Du hast zwei Brüder, du kommst aus dem Salzkammergut, du hast Meeresbiologie studiert, du hattest eine Blinddarmoperation, ich nicht, falls es das ist, was du wissen willst. Du fährst Schi, ich nicht, du kannst nicht wirklich gut kochen, ich auch nicht. Was noch?, sage ich, und weil ich es hasse, wenn er das zu mir sagt, füge ich noch hinzu, du fickst ganz okay.

Ich sehe ihn an, als ich das sage, weil ich wissen will, wie es ihn trifft. Seine Augen verdunkeln sich, da ist etwas, was zurückgeht, das andere sinkt tief und dann legt er etwas darüber, was ist das. Ich muss seinem Blick ausweichen.

Jetzt, sagt er, kristallene Schärfe, jetzt erzähl mir von dir.

Warum, sage ich, warum soll es irgendjemanden interessieren, nicht irgendjemanden, sagt er, mich, also dich interessieren, dass ich, was willst du wissen?, in einer Villa aufgewachsen bin, mit hohen Räumen und schwingenden Lustern, mit Parkettböden und einer Haushälterin, die hieß Vroni. Im Alkoven unter dem Dach gab es buntes Glas in den Fenstern, ich habe zugesehen, stundenlang, wie die Farben über den Boden und die Wände gewandert sind. Keine Geschwister, ich habe keine gebraucht. Der Vater war immer da, nein, das stimmt nicht, aber auch wenn er weg war, war er bei mir. Ich bin in einem Haus aufgewachsen mit Büchern und Bildern, im Park waren Bäume, mehr habe ich nicht gebraucht. Reicht dir das?

Wie hat dein Zimmer ausgesehen?

Warum willst du das wissen?

Ich will es mir vorstellen können, sagt er.

Schräge Wände, weil unter dem Dach, sage ich, ein Tisch, ein weißes Bett, ein Schrank mit Schnörkeln, lindgrün. Der Tisch war noch von meiner Großmutter, ein weißer Mädchentisch mit schlanken gebogenen Beinen, und Laden, in denen man kaum etwas unterbrachte. Rosenfarbene Röschen an der Wand, keine Kuscheltiere, außer einem Hund mit Schlabberohren, die habe ich ihm angeknabbert. Ist es das, was du wissen willst?

Zum Beispiel, sagt Friedrich.

Vom Zimmer hat man auf den Park gesehen, das war kein Garten, das war ein Park, verstehst du. Auf den Teich, auf die Buchen und Linden, die Ahornallee.

Ich sehe, wie der Vater über die Auffahrt kommt. Und Hubert, beide gehen sie, mit großen Bewegungen, durch den Park. Und ich weiß, dass die Eltern, ganz früher, manchmal die Allee entlang gegangen sind, und der Vater hat die Mutter geküsst, als versänken sie in einem tiefen, tiefen Wasser, das muss ich von oben gesehen haben.

Ein Park, sagt Friedrich, kein Garten, verstehe. Wann haben sich deine Eltern scheiden lassen?

Irgendwann, sage ich, später erst, ich weiß es nicht, lustig, nicht? Wir sind aus dem Haus ausgezogen, da war ich zehn.

Und du warst bei deiner Mutter.

Ja, sage ich, das ist ja auch normal. Und bei den Großeltern oft. Nein, ich wäre nicht lieber beim Vater gewesen, er hat mit mir nichts anzufangen gewusst.

Aber du hast doch gesagt, sagt Friedrich.

Ja, sage ich, aber eine Scheidung verändert alles. Dann will ich nichts mehr erzählen, ich habe wieder gut gemacht, was ich vorhin gesagt habe.

Wie war es, als du in die Schule gekommen bist?, fragt Friedrich.

Okay, sage ich, ganz gut. Mir war manchmal langweilig, aber, ich muss lächeln, weil ich mir kleine Mädchen denke, blonde und braune Zöpfe und Locken und Haarspangen, Ines, Alexandra, Beate, ich habe dann Freundinnen gehabt, sage ich. Das hat mir gefallen, das war gut. Das ehrfürchtige Getuschel, als sie das erste Mal zu mir gekommen sind, Ines, Alexandra, Beate, ich habe ihnen die Artemis gezeigt, und den Gott Bes, Mädchentuscheln, Mädchenkichern. Und, sage ich, weil ich es beenden will, was weißt du jetzt von mir?

Er sieht mich an, klare helle Augen wieder, dass du an Hundeohren geknabbert hast, sagt er. Dass du ein Mädchen warst mit Freundinnen. Du hast, war das so?, unter den Linden getanzt.

Ja, sage ich, und unter der Rotbuche, die hatte Äste, die bis zum Boden reichten, und ihre Blätter waren im Winter noch rot.

Bist du am Abend manchmal noch hinausgelaufen?

Weil da das Flüstern war, denke ich, das Wispern. Am Abend verabschiedete ich mich von den Bäumen und den Fischen, die standen stumm im Teich, und von dem, was flüsterte und huschte und schwirrte. Bis morgen, sagte ich, morgen wieder, und etwas kicherte im Laub unter den Buchen.

Und hast du gesehen, sagt Friedrich, wie die Sonne untergeht, hinter Bäumen, und dann sind da Schatten.

Nein, sage ich, am Abend bin ich nicht mehr hinaus, am Abend saßen wir bei Tisch.

Aha, sagt Friedrich, er lächelt. Da saßet ihr bei Tisch. Siehst du, sagt er, das wusste ich nicht, dass du bei Tische saßest.

Wir essen oder schlafen miteinander oder gehen in die Stadt, er hat die Schatten gesehen.

. . . . .

Damnatio memoriae, schreibt der Vater, abolitio nominis, der Ächtung verfallen, das sind wir füreinander.

Die Auslöschung des Namens, lese ich, als ich mich durch Seiten klicke, die Verdammung und demonstrative Tilgung des Andenkens an eine Person durch die Nachwelt. Die Römer tilgten die Namen besonders verachteter und verhasster Personen aus den Annalen, die Bilder und Statuen, Büsten, Hermen und Münzen von Caligula, Domitian, Commodus und Caracalla wurden zerstört oder beschädigt, oder sie wurden eingezogen und in Bildnisse anderer Persönlichkeiten umgearbeitet. In Ägypten, lese ich, waren Hatschepsut und Echnaton, Tutanchamun von dieser Art der Rache betroffen. Nur wenige Abbildungen sind von ihnen erhalten und in den ägyptischen Königslisten werden ihre Namen nicht geführt. In Griechenland versuchte Herostrat seinen Namen unsterblich zu machen, er zündete, das schauderlichste Verbrechen meiner Kindheit, den Tempel der Artemis an. Fortan war es in Ephesos bei Todesstrafe verboten, seinen

Namen auszusprechen, die Strafe der Göttin, nie gewesen sein.

Aber es ist, was in der Welt ist, nicht aus ihr fortzuschaffen. An Statuen lassen sich, lese ich, Spuren von Umarbeitungen finden, unter dem Porträt des Kaisers Titus ist, immer noch, der Kopf des Nero. Herostrats Name blieb der Nachwelt erhalten. Und in den Magazinräumen in Karnak finden sich ausgehackte Darstellungen der Hatschepsut. Deutlicher vielleicht, als wenn es noch wäre, bleibt das Zerstörte erkennbar.

Ich bin nicht der gewesen, der ich hätte sein sollen, schreibt der Vater.

Damnatio memoriae. Ich habe den Namen des Vaters ausgelöscht, ich habe mir sein Bild aus meinem Bewusstsein gehackt. Aber das Ausgelöschte erzählt immer noch von dem, was gewesen ist.

. . . . .

Der Muezzin hat gerufen, als mich der Vater geweckt hat. An deinem Geburtstag, hat er gesagt, musst du den Weg der Göttin gehen. Eine Viertelstunde später saß ich im Auto, fröstelnd, da waren noch Sterne, verblassend in einem dunklen Blau. Ich kaute an einem Stück Kuchen, das mir der Vater zugeschoben hatte, im grauen Schatten des Vediustheaters trank ich heißen bitteren Kaffee aus der Thermoskanne.

Die alte Prozessionsstraße, sagte der Vater, führt in

die Hügel. Kühl, unter Schleiern von Grün und Blau, lag die Ebene, lagen die Hügel vor uns.

Siehst du, sagte der Vater und deutete in die Ebene, der Koressos, frühgriechischer Hafen, bis hierher reichte das Meer. Siehst du, sagte er, das Felsheiligtum, am Straßenrand waren Nischen für Votivgaben, dahinter in Felsen gemeißelte flache Nischen, ein Felsrelief, siehst du, das Meterheiligtum.

Die Ringnekropole, sagte der Vater. Entlang der Prozessionsstraße lagen Gräber, einfache, in den Fels gehauene Grablegen, Sarkophage, Tonnengewölbe als sichtbare Grabmäler. Es ist ja die Stadt selbst auf Toten erbaut, sagte er. Als würden die Schritte der Lebenden, der Pilger, der Kaufleute, den Staub mitnehmen, zu dem einer geworden ist.

Ein Feldweg führte uns weiter. Silbergrün, lorbeergrün, brombeergrün säumten Büsche und Bäume den Weg. Wie etwas flüsternd durch die Hügel zog und durch die Stadt, wie der Atem der Göttin immer noch in den Hügeln war. Hoch im Blau kreisten schwarze Vögel, Wächter der Stadt.

Hier war, aber das weißt du, sagte der Vater vor dem Prytaneion, das Grab der Göttin. Hier wurde sie kultisch bestattet. Und hier, sagte er, haben wir sie ausgegraben, weißer Marmor in dunkler Erde.

Weil wir nicht mehr allein waren, weil schon die ersten Busladungen sich über die Stadt ergossen, gingen wir weiter, die kleine Gasse hinunter, Kathodos, zum Domitiansplatz. Dass wir auf einer Schwelle stünden, sagte der Vater. Zur Prozessions- und Gräberstraße hin war Hermes mit seinem Widder gerichtet, zur Schwelle hin der Dreifuß des Apollon, der Kult, sagte der Vater, das menschliche Leben und der Tod, die Trennung oder die Einheit der Bereiche. Über die Kuretenstraße kamen wir zum Dreiwegtor im Bibliotheksviertel, wo der Prozessionsweg nach Ortygia, dem Geburtsort der Artemis und des Apollon, führte. Hekate wachte über den Weg. Dass der 6. Mai der Geburtstag der Stadtgöttin war, entzückte mich. Nächstes Jahr, sagte der Vater, musst du im Frühling kommen, zum Geburtstag der Göttin.

Auf der Theaterstraße wollten wir picknicken, fern von Touristenschwärmen. Das, sagte der Vater, die Plateia in Koressos, ist einer der schönsten Orte hier, den schenke ich dir heute.

Zypressen standen da, als bildeten sie ein Tor, schwarz, aber licht war, was dahinter lag. Aus schattigem Geäst flatterten Waldtauben auf, weißer Flügelschlag in dämmrigem Grün. So sommerwarm und weich duftete der Stein und an Säulen rankte wie kosend Dorniges in die Höhe. Braune Nadeln bedeckten die marmorne Straße und Zapfen von Föhren rollten und blieben liegen. Dürre Gerippe von Stauden. Im Frühling glühten sie gelb, loderten gegen das Licht. Die Göttin hatte sich hier gezeigt in flammender Lohe.

Wie das sonnengoldene Gras zitterte, Mädchenhaar, wie es flirrte über den Hügeln und wie zwischen den Säulen, die die Straße säumten, in violetten Schatten etwas stand, wenn ich die Augen schmal machte.

Anastasía, sagte der Vater, du weißt, was dein Name bedeutet.

Die, die wiedergeboren wird, sagte ich.

Die, die wiedergeboren wird, wiederholte er. Er sah auf die Hügel hinter mir. Als du auf die Welt gekommen bist, sagte er, du warst so ein Geschenk, weißt du das.

Ich schluckte, die violetten Schatten verschwanden. Ich sah den Vater an, der jetzt zu lächeln versuchte.

Und weißt du, dass ich Angst hatte?

Ich schüttelte den Kopf. Wovor?, sagte ich, du hast doch vor nichts Angst.

Ich scharrte mit den Füßen in den Kiefernnadeln. Wolltest du mich nicht haben?, fragte ich. Hättest du mich lieber nicht haben wollen?

Aber nein, wie kannst du das denken. Er setzte sich neben mich, du warst ein Geschenk, sagte er.

Vor dem du Angst hattest.

Weil ich so eine Freude hatte, sagte der Vater.

Das hat dir Angst gemacht?

So eine große Freude, der Vater nickte. Auch das hat mir Angst gemacht.

Was noch? Ich hörte die Stille, Bienen, die summten.

Dass ich dich nicht lieben könnte, sagte der Vater.

Du musst nicht, sagte ich, der Vater schüttelte den Kopf.

Nicht so, sagte er, wie ich es wollte.

Später an diesem Tag, der Vater musste noch arbeiten, ging ich ins Museum. Ich sah die Göttin vom Berg, da waren aber zu viele Menschen. Dass sie in die Hügel gehörte, dachte ich, und in die Stadt, der Wind aus den Hügeln erreichte sie hier nicht. Im Hof der Moschee saß ich dann lange, machte die Augen schmal und dachte nichts.

. . . . .

Du warst, hat die Mutter einmal gesagt, von Anfang an ein Vaterkind. Der Vater, hat sie gesagt, hat dich angesehen, du warst winzig, verknittert, blau und blutig, du hast ihn ins Herz getroffen. Weißt du das? Mehr als ich ihn je getroffen habe, hat sie gesagt. Er hat aufgehört, mich zu lieben, als du da warst. Das stimmt nicht, sagte ich, doch, sagte sie.

. . . . .

Der Abend dann meines achtzehnten Geburtstags. Der Vater hatte mit der Haushälterin in Wien telefoniert, ein Paket war gekommen, er hatte mit den Köchinnen im Grabungshaus geredet, konferiert, sagte er. Ein Guglhupf, schrie ich, als nach dem Essen die Köchin den Kuchen vor mich hinstellte. Er schmeckte ein wenig fremd, aber es war ein Guglhupf. Ein was, sagte jemand hinter mir, Jan, schrie ich, der war gerade zurückgekommen aus Aphrodisias, gibt's was zu feiern? Er umarmte mich, ein wenig ungeschickt. Martin kam und gratulierte, ein wenig verlegen. Ich war mit Martin bei der Mauer, sagte ich zu Jan, mit Martin, sagte er, schön. Sophia gratulierte, und das Theaterteam und Vildan und Werner und Ingrid. Ilse hatte mir ein Buch eingepackt, es ist nicht neu, sagte sie, aber eins meiner liebsten Bücher. Und Hubert ging aus dem Saal in den Hof und aus dem Hof hinaus.

Später sind wir unter dem Dach gesessen, der Vater hat Wein eingeschenkt. Was wirst du tun mit deinem Leben?, fragte er.

Glücklich sein, sagte ich, immer so glücklich wie heute.

Was wünschst du dir zum Geburtstag?

Gar nichts. Ich legte den Kopf auf seine Schulter, es war so ein schöner Tag.

Wenn wir wieder zu Hause sind, hast du einen Wunsch frei.

Und wenn ich mir ein Auto wünsche?

Dann ist es ein Auto.

Ich brauche kein Auto, sagte ich. Ein Fahrrad vielleicht. Oder eine Reise, aber vielleicht will ich nie mehr woanders hinfahren.

Da hat der Vater gelacht, sein Vaterlachen. Du kannst immer hierher zurückkommen, hat er gesagt, aber du musst, warst du schon in Ägypten?

Nein, habe ich gesagt, das weißt du aber.

Es gibt tausend Orte, in Griechenland, in der Türkei, Italien, die du sehen musst, sagte der Vater, warst du schon in Syrien?, nein, sagte ich, in Israel, in Tunesien, nein, sagte ich, nein, nein, nein. Dann ist es eine Reise, sagte der Vater und lehnte sich zufrieden zurück. Wenn es dir recht ist, ist es eine Reise.

. . . . .

Die Mutter war mit mir aus der Villa und dem Park ausgezogen. Der Vater war in Ephesos, wo er immer ist, hatte die Mutter gesagt, wo er lieber ist als hier. Dass ich den Vater verlassen hatte, das dachte ich Tag und Nacht, und ich wusste nicht, ob ich ihn wiedersehen würde.

Wo ich mit der Mutter wohnte, da war es hässlich und klein und eng und laut, es war mir alles fremd. Dein Vater möchte dich sehen, sagte die Mutter an einem Tag, ich wusste nicht, dass er zurück war, ich hatte auch nicht nach ihm gefragt. Die Blätter der Buchen waren rot, als ich das erste Mal in die Villa zurückkehrte. Jemand riss die Tür auf, das war Vroni, die nach Teig und Kuchen roch, die mich in ihr warmes weiches Fleisch drückte, das Kind, rief sie, das Kind ist da.

Ich ging ins Vorzimmer. Der Vater stand in der Tür zur Bibliothek, groß und dunkel, ich konnte sein Gesicht nicht sehen. Sei mir nicht böse, wollte ich sagen, da riss er mich hart in seine Arme.

Anastasía, sagte er.

Du tust mir weh, sagte ich und drängte mich aus der Umarmung.

Komm essen, sagte der Vater, seine Stimme war rau, die Vroni hat dir alles gemacht, was du gerne magst.

Dann stellte die Vroni meine Lieblingsspeisen vor mich hin. Frittatensuppe und Hühnchen mit Pommes frites, wie ist es in der Schule?, fragte mich der Vater, gut, sagte ich, Holundersaft, selbstgemacht, sagte die Vroni, und in der Wohnung?, gut, sagte ich, als Nachspeise Kaiserschmarren, den magst du doch, fragte sie, ich nickte, und deiner Mutter, wie geht es deiner Mutter?, gut, sagte ich und aß alles auf, was die Vroni vor mich hinstellte. Solange ich aß, musste ich nicht reden. Dann ging die Vroni, sie wischte sich über die Augen, es ist ein Verbrechen, sagte sie, brauchen Sie mich morgen? Nein, sagte der Vater, ich komme schon allein zurecht. Dann fiel die Tür hinter ihr zu und ich war mit ihm allein.

. . . . .

Wenn du nichts willst vom Fritz, warum lässt du ihn dann nicht in Ruhe?

Du hast recht, sagte ich, dass ich nichts will vom

Friedrich. Ich ficke ihn gerne, und er mich, was kümmert's dich.

Was es mich kümmert, zischte Heinz. Was weißt du von meinem Bruder, was verstehst du von meinem Bruder?

Nichts, sagte ich, und ich will auch nichts wissen, was geht es dich an.

Komm mit, hatte Friedrich gesagt, bitte.

Wozu?, hatte ich gesagt, ich kenne niemanden.

Es sind meine Leute, willst du sie nicht kennenlernen?

Nein, habe ich gesagt, aber vielleicht weil Sommer war und weil dort Bäume waren und hohes Gras, vielleicht bin ich deswegen mitgefahren.

Der Fritz, sagte Heinz, ist als Kind oft wo gestanden, am Waldrand, am Feld, unter einem Baum. Er ist dagestanden wie nicht aus der Welt, als Kind hat der Fritz viel geweint. Später hat er die Bäume umarmt, er hat sich auf die Wiese gelegt und die Wiese umarmt, er ist durch die Felder gelaufen, er ist in den See gesprungen, du musst es umarmen, hat er gesagt. Ich habe mich für ihn geprügelt, sagte Heinz und sah zu seinem Bruder.

Wenn ihn einer verprügeln wollte, und da war immer einer, der ihn verprügeln wollte, wenn ihn also einer verprügeln wollte, ist der Fritz auf ihn zugegangen und wollte ihn umarmen. Das hat aber nicht funktioniert, also haben sie ihn verprügelt, und dann habe ich sie verprügelt. Das hat auch nicht funktioniert, weil ich viel kleiner war als sie, und der Fritz hat geweint und geschrien, du musst sie umarmen, hat er geschrien, und am Ende war ich es, den er umarmt hat.

Und, sagte ich, wieso erzählst du mir das?

Da war eine böse Kuh in der Nachbarschaft, fuhr Heinz fort. Die durfte nicht mehr auf die Weide, und dass sie geschlachtet werden sollte, das wussten wir. An einem Tag hat die Mutter den Fritz gesucht und nicht gefunden, sie ist zu allen Nachbarn, es hat ihn aber keiner gesehen. Am Abend hat eine Bäurin die Mutter geholt, er war bei der bösen Kuh. Sie hat uns oft erzählt, wie sie erschrocken ist, sie hat dann aber gesehen, dass ihm die Kuh nichts tun wird.

Hübsche Geschichte, sagte ich spöttisch. Und, bin ich jetzt sein neues Projekt, die böse Kuh?

Nein, sagte Heinz. Die Kuh ist ihm zugegangen. Du, du bist nicht gut für ihn, lass ihn in Ruh.

Später ist Friedrich gekommen, magst du dich nicht zu uns setzen?, fragte er.

Der Baum, unter dem ich stand, trug Äpfel, über und über. Es wird dir gefallen, hatte Friedrich gesagt, die Bäume tragen Äpfel, über und über. Ich muss gehen, sagte ich, ich habe noch zu tun.

. . . . .

So hart schlug mein Herz in diesem Sommer. Das tut es nicht mehr, schon lange nicht, weil ich es ihm verbiete. Wie wäre das auch zu ertragen.

Am Tag nach meinem Geburtstag, das war ein Sonntag, bin ich mit dem Vater und Ilse nach Pamucak ans Meer gefahren. Ilse und der Vater gingen den Strand entlang, Morgenfrühe, ich saß unter Palmen und sah auf das Meer, das glitzerte. Ilse und der Vater, die sich vielleicht an den Händen hielten. Ich dachte an Hubert, der meinen Blick gesucht hatte.

Erzähl mir von deinen Reisen, sagte ich zum Vater. Ich hörte es und vergaß, was er erzählte. Dann lasen wir, der Vater, Ilse und ich, ohne dass ich wusste, was ich las. Dann muss ich eingeschlafen sein und noch im Schlaf schlug mein Herz hart, und jemand beugte sich über mich und ein Ziehen war, eine Bewegung, dann schrie jemand, das war Ilse.

Ilses Haut war mit Bläschen bedeckt, ihr Gesicht war fleckig rot und geschwollen, rühr mich nicht an, schrie sie meinen Vater an, schau mich nicht an. Sie kämpfte sich in ihr Kleid, sie warf ein Tuch über sich, sie stülpte den Sonnenhut darauf und lief, ohne auf uns zu warten, aus dem Schatten in die glühende Hitze, Sand aufwirbelnd in Richtung Parkplatz.

Ilse, rief der Vater, so warte doch, aber sie warf die Arme in die Höhe und lief, eine groteske Erscheinung in flatterndem Tuch, ihre Arme und Beine leuchteten rot. Ich raffte unsere Sachen zusammen und stolperte hinter dem Vater und Ilse her.

Lass es mich anschauen, drängte der Vater Ilse, die schluchzend in eine Ecke gekauert auf der Rückbank des Autos saß, du sollst mich so nicht sehen, wimmerte sie.

Der Vater fuhr sehr schnell. Beim Grabungshaus angekommen stürzte Ilse aus dem Wagen, der Vater rang um Haltung, tut mir leid, sagte er, eine allergische Reaktion vielleicht, sie hat Medikamente genommen, jetzt haben wir dir den Tag verdorben.

Nein, sagte ich, mach dir keine Sorgen, kümmere dich um Ilse, wir sehen uns am Abend.

Am späten Nachmittag ging ich auf den Ayasoluk, vier Wochen war ich jetzt in Selçuk und war noch nicht auf dem Stadtberg gewesen. Ich streifte durch die Trümmer der Johannesbasilika, ich schaute auf die Ebene hinunter, über der Störche flogen, so grün war die Ebene und dunstig in der Nachmittagssonne. Ich schaute auf die Moschee hinunter, da musste mein Hotel sein, da war die Straße, die zum Grabungshaus führte, das Artemision, Anastasia, sagte jemand hinter mir, Ana.

So verrückt schlug mein Herz, als ich mich zu Hubert umdrehte, so ganz aus dem Takt gekommen.

Seid ihr nicht am Strand heute?

Früher hatte er sich zu mir herunterbeugen müssen, er war in die Knie gegangen und ich hatte ihm in die Augen gesehen, doch, sagte ich, waren wir, und du? Grau und braun und ein Strahlenkranz darin.

Hubert hatte sich mit einem Kollegen getroffen, die Amerikaner graben hier, sagte er, ich habe einen Experten für Spolien gebraucht, das halbe Artemision ist ja hier rundum verbaut.

Dann waren wir schon am Ende angekommen von

dem, was zu sagen war. Über der Ebene kreisten die Störche, er würde gehen und für immer würde das unser Gespräch gewesen sein. Bist du nicht, seid ihr nicht, wo wart ihr, und du?

Hubert bückte sich. Alles Gute zum Geburtstag, Ana, sagte er. In seiner Hand lag ein Zapfen vom Ayasoluk, harzig duftend, Abendgabe. Ich möchte, sagte Hubert und sah mir in die Augen, gerne mit dir reden, wie früher. Es geht aber nicht. Immer habe ich das Gefühl, im Grabungshaus geht das nicht.

Wir könnten es ja versuchen, sagte ich.

Die Lautsprecher auf dem Minarett der Moschee unter uns knackten und Wolken kleiner schwarzer Vögel stoben auf, als der Muezzin sang.

Du warst noch nicht im Artemision, sagte er.

Möchtest du das denn?

Ich möchte dir gerne zeigen, was wir dort machen, sagte er.

Bis jetzt hat das nicht so ausgesehen, als würdest du mich gerne bei euch sehen wollen.

Eine Röte schoss ihm ins Gesicht, er hielt meinen Blick. Ich bin unmöglich gewesen, sagte er. Kannst du das nicht einfach vergessen?

Der Muezzin verstummte und der Schwarm Vögel ließ sich wieder auf dem Minarett nieder.

Ich möchte aber zuerst mit dem Vater gehen, sagte ich. Verstehst du das?

Etwas pochte an seiner Schläfe. Er wird es nicht tun, sagte er und sah mich an, mir in die Augen, er wird mit dir nicht ins Artemision kommen.

Warum nicht?, fragte ich.

Weil er, Hubert hieb die Fäuste aneinander, seit er mir das Projekt übergeben hat, er war nie mehr da. Ich habe ihn eingeladen, so und so oft, er ist immer noch der offizielle Leiter. Er wird im Herbst wieder die Leitung übernehmen, also wollte ich ihn auf dem Laufenden halten, ich wollte es, dass er weiß, was wir tun und warum. Es gab ein paar Abweichungen von seinen Plänen, das kann sich bei der Arbeit ergeben, er hat mir noch nicht einmal zugehört. Wie einen Schulbuben hat er mich stehen lassen vor den Kollegen.

Wieder hieb er die Fäuste aneinander. Aber das soll dich nicht kümmern, sagte er, vielleicht irre ich mich auch, vielleicht ist es anders. Und wenn nicht, dann kommst du eben allein, ja?

Am Abend aß ich mit dem Vater, Ilse war im Zimmer geblieben, sie hatte Fieber und wollte niemanden sehen. Der Vater war verstört. Das wird doch wieder, sagte er, es bleibt ihr ja nichts zurück, als wäre sie entstellt für ihr Leben, so tut sie, sagte er. Dass er woanders schlafen würde für eine Nacht. Sie will nicht, dass ich im selben Zimmer bin, ich verstehe es nicht.

Als ich am Abend ins Hotel ging, war ich müde und ein wenig traurig. Es machte mich traurig, was kommen würde und dass es nicht zu ändern war.

. . . . .

Ein bisschen stockte mir schon der Atem, als sich Hubert am nächsten Morgen zu mir setzte. Was machst du heute?, fragte er, zeichnen, sagte ich, du zeichnest?, nicht wirklich, aber ich hab vom Vater Zeichensachen bekommen, voriges Jahr schon, ich habe sie noch nicht einmal ausgepackt, ich wusste gar nicht mehr, dass ich sie mitgenommen hatte. Heute beim Aufwachen habe ich mich erinnert, also werde ich zeichnen, sagte ich, und du?

Das ist schön, sagte er, zeichnen. Wo fängst du an?

Ich weiß noch nicht, sagte ich, wo keine Leute sind jedenfalls, und du, was machst du?

Wir haben, sagte er und stürzte sich in eine Erklärung, aber da kam der Vater in den Speisesaal und ich hörte nicht mehr richtig, was Hubert sagte. Der Vater sah müde aus, nicht böse sein, dachte ich, sei nicht böse. Er ging mit einem gefüllten Tablett wieder aus dem Saal, Kleinfunde, sagte Hubert, damit war zu rechnen, das ist noch nicht unüblich, aber, ist was?, fragte er. Ich musste lachen, weil er mich wie besorgt musterte.

Später kam der Vater an den Tisch, Richard, sagte Hubert, der Vater beachtete ihn nicht. Kannst du heute dableiben?, sagte der Vater zu mir, kannst du bei Ilse bleiben, das wäre mir eine große Hilfe, wenn du hin und wieder nach ihr siehst. Der Vater ging und hinterließ eine Kälte.

Er macht sich Sorgen um Ilse, sagte ich, er meint das nicht so.

Aber natürlich meint er das genau so, sagte Hubert, seit Jahren meint er das genau so.

Ich zerbröselte mein Brot, der Speisesaal leerte sich wieder, es war fast sieben, musst du nicht gehen?, fragte ich.

Vielleicht lassen wir das besser mit dem Reden, sagte Hubert, vielleicht ist das keine so gute Idee.

Wieso sagst du das?

Vielleicht soll das ja nicht sein, sagte Hubert. Ich komme zwischen deinen Vater und dich, sagte er, das siehst du ja.

Ich zuckte mit den Schultern. Aber, sagte ich, das hat doch nichts mit ihm zu tun, wenn ich mit dir rede, wenn ich, ich freue mich so, dass du da bist.

Ana, sagte Hubert, das ist nicht gut für dich.

Jemand rief ihn vom Hof her, du musst gehen, sagte ich. Er zögerte, es ist gut so, sagte ich, und ich will es auch, und, du wirst sehen, der Vater wird sich daran gewöhnen. Wir reden doch nur miteinander, ich kann doch reden, mit wem ich will. Geh jetzt, sagte ich und ich lachte, weil ich plötzlich wusste, wie es sein würde, und vielleicht, das war doch möglich, würde auch der Vater mit Hubert wieder reden.

Ilses Gesicht war verquollen, vom Weinen, vom Sonnenbrand, von der Allergie, ich werde für ihn immer hässlich sein, sagte sie, er wird mich immer so sehen, wie ich jetzt bin, lächerlich, sagte sie, und hässlich.

Nein, sagte ich, er ist nicht so.

Alle Männer sind so, sagte Ilse. Dein Vater, der die Schönheit liebt, wie kann er das ansehen.

Du bist schön für ihn, sagte ich, eine Hitze überspülte mich, du bist schön für ihn, weil er dich liebt. So ist das, nicht umgekehrt. Dann floh ich, so etwas sagen, über den eigenen Vater.

Als ich später nach Ilse schaute, schlief sie, und noch später brachte ich ihr das Mittagessen. Ich fragte sie, wie sie zur Archäologie gekommen war, Bücher, sagte sie, alle diese Bücher, die ich gelesen habe, dann schlief sie wieder. Am Abend war das Fieber weg, danke, sagte sie, als ich das letzte Mal an diesem Tag bei ihr war. Was hast du mit ihr gemacht?, fragte der Vater, nichts, sagte ich.

. . . . .

Wie Hubert sich gerade hielt unter dem Blick meines Vaters, der schnaubte. Solange dieser Mensch dort ist, hatte der Vater gesagt, habe ich dort nichts zu suchen. Aber, hatte ich gesagt, ich will das Artemision mit dir sehen. Schließlich hat er mir nachgegeben.

Es war schon fast sechs, als uns der Bus beim Artemision absetzte. Wir überquerten den Parkplatz, dann sah ich, wovon ich als Kind geträumt hatte: Den Ayasoluk mit der Festung und der Johannesbasilika, die Isa bey-Moschee, groß und warm lag sie am Fuß des Berges, und hinter Palmen weiße Häuser mit roten Dächern, bis zum Hals schlug mir das Herz. Die Säule, die ich jeden Tag auf dem Weg ins Grabungshaus und zurück sah, schimmerte im Abendlicht. Sehr grün war auf allen Bildern, in allen Katalogen, was hier wuchs, gelb und rosa blühend, und Tümpel waren zwischen Steinen und Eukalyptusbäume spiegelten sich im Wasser und Schilf und Büsche, Baumschösslinge. Wie erschrocken aber sah ich, was jetzt vor mir lag. Was ich unter Erde und Wasser mir gedacht hatte, lag in einem wüsten Durcheinander, in einer aufgerissenen, aufgepflügten Erde.

Der heilige Bezirk, sagte der Vater, Temenos, wo die Göttin wohnte.

Unter uns war eine Bewegung, dann kam jemand auf dem schmalen Weg, der hinunterführte, auf uns zu. Richard, sagte Hubert. Ich freue mich, sagte er, ich habe mir so gewünscht, dass du kommst. Darf ich dir zeigen, wo wir gerade sind, was wir gefunden haben, du musst dir das anschauen.

Mein Vater fuhr zurück. Hätte ich gewusst, dass du da bist, sagte er, ich wäre nicht hier. Er ignorierte Huberts ausgestreckte Hand. Ich möchte, sagte er, mit meiner Tochter durchgehen, alleine, ich denke nicht, dass ich deiner Hilfe bedarf.

Natürlich nicht, sagte Hubert steif, er sah mich nicht an. Wie er sich gerade hielt, als er unter dem kalten Blick meines Vaters an uns vorbei zum Ausgang ging.

Der Vater ging jetzt vor mir den Weg hinunter, als wäre nichts gewesen. Er redete und redete, als hätte er nicht eben Hubert vernichtet. Ich hatte nicht gewusst, dass der Vater so kalt sein konnte.

Die Zeitschichten, die hier vor uns liegen, sagte er, das meiste ist ja unsichtbar, archaisch und spätklassisch, spätantik und frühbyzantinisch. Vernichtet, wusste er das nicht? Spolien, sagte der Vater, Spolien der beiden Tempel fanden sich auch in der Kirche, die später hier auf der Basis des Tempels errichtet wurde. Die Wiederverwertung der Geschichte, sagte der Vater und lachte, als hätte ich verstehen müssen, worüber er lachte. Er zeigte auf Steine, auf Marmorblöcke, wir umkreisten, was in der Mitte lag, wo die Erde aufgerissen war, Mauern, die sich gelb aus dunkler Erde erhoben.

Inschriften, sagte er, Reliefs, als hätte er nicht ausgelöscht, der Hekatompedos, sagte er, der große Altar, und die Kultbasis dazu, was aufgewallt war in Hubert. Es könnte sich, sagte er, um einen Apollontempel handeln, das frühe Nebeneinander mehrerer Gottheiten. Wieso bist du so mit ihm, sagte ich. Dass der Marmoraufbau des Hekatompedos in den Fundamenten des Kroisostempels verbaut wurde, fuhr er fort, wieso bist du so mit ihm, ich will es wissen. Was hat er dir getan, dass du so bist, hassenswert. Da drehte er sich endlich um. So, sagte er, hassenswert.

Sag es mir, sagte ich, als sähe ich ihn zum ersten Mal.

Plötzlich und mit einem Schrei riss der Vater an

einer Planke, die in der Erde steckte, und schleuderte sie ins Gelände. Noch einmal schrie er, er ballte die Fäuste. Müssen wir, keuchte er schwer, müssen wir wirklich, jetzt, hier, über diesen Menschen reden. Ist es nicht genug, dass ich ihn tagtäglich sehen muss, dass ich ihn seit Jahren ertragen muss, eine Verhöhnung ist das, was weißt denn du. Er hat mir meine Arbeit gestohlen, er hat, der Vater keuchte, was weißt denn du. Und glaubt immer noch, er könnte sich wieder in meine Gunst einschleichen. Muss ich, sagte er, muss ich jetzt wirklich mit meiner Tochter über diesen Menschen reden. Als wäre ich der Schuldige, muss ich das?

Das ist lächerlich, sagte ich.

Lächerlich, wiederholte er.

Wegen einer Dissertation, wegen einer so alten Geschichte! Das glaub ich einfach nicht, rief ich, das hast du doch nicht not! Oder, oder bist du es ihm neidig, ist es das, dass er jung ist, dass er gut ist, ist er besser als du? Und das erträgst du nicht, dass einer, der einmal dein Schüler war, besser ist als du, das ist so erbärmlich!

Ich muss mich nicht, schrie der Vater, ich muss mich nicht vor meiner eigenen Tochter rechtfertigen! Du hast ja keine Ahnung, also red nicht, und misch dich nicht in meine Angelegenheiten ein!

Ich warf die Hände in die Höhe. Warst du immer so verbohrt, rief ich, warst du zur Mutter auch so verbohrt, kein Wunder, jetzt schnaubte ich. Kein Wunder, dass sie weggegangen ist, man kriegt ja keine Luft neben dir, wenn du so bist. Du bist lächerlich, rief ich, ein lächerlicher, verbohrter alter Mann.

Und wie dumm bist du, sagte der Vater, wenn du es dir nicht denken kannst, warum er auf einmal mit dir redet. Dein kostbarer Hubert, der dich vier Wochen nicht angeschaut hat, vier Wochen lang warst du Luft für ihn, weil er ja mit jeder Frau ins Bett musste, die zu kriegen war. Das wird dir ja nicht entgangen sein, keuchend holte der Vater Luft. Und du denkst, seine Augen wie Steinmurmeln, was denkst du dir, keuchte der Vater, dass er sich für dich interessiert, weil du zwei Sätze mit ihm gewechselt hast, und auf einmal bist du ihm wichtig, das glaubst du doch nicht im Ernst. Du bist für ihn im besten Fall ein hübsches Spielzeug, und dass er mich trifft damit, das weiß er. Du glaubst doch nicht wirklich, es geht um dich, Anastasía, wie dumm bist du eigentlich!

Der Hass des Vaters war mich angesprungen im Artemision und hatte mich ganz leer zurückgelassen. Am nächsten Tag fuhr ich mit Jan nach Ephesos. Willst du arbeiten?, fragte er mich, nein, sagte ich, nur in die Stadt. Der Vater saß mit Ilse, die mir zuwinkte, beim Frühstück. Ich setzte mich auf die Veranda. Hubert stand vor mir und die Grabungshauskatze schlich über den Hof, von der Tamariske rieselten Nadeln auf den gepflasterten Boden. Jan kam vorbei, nimmst du mich mit?, fragte ich und ließ Hubert stehen. Wenn du was brauchst, sagte Jan, nein, sagte ich, wenn du vermessen willst, sagte er, ich zuckte die Schultern, oder reden, Tee um zehn, Mittagessen um zwölf, rief er mir nach, oben bei den Hanghäusern. Wo wollte ich hin in der Stadt?

Das Schreckliche, das ich zum Vater gesagt hatte. Dass ich es nicht zurücknehmen konnte. Dass ich es so gemeint hatte, und gar nicht, gar nicht, wie hatte ich das sagen können? Hubert war nicht in meinen Gedanken, oder nur, als würde ich Abschied nehmen.

Irgendwo hinter der Bibliothek, in einem Gestrüpp unter einem Feigenbaum, an einen Stein gelehnt, in den ich hineinwachsen wollte, dort hat mich dann der Vater gefunden. Was machst du denn, Anastasía, was soll denn das werden, hm. Als wäre ich wieder zehn, klammerte ich mich an ihn.

Ich weiß nicht, schluchzte ich, ich will nicht, dass wir so sind miteinander, ich hab das nicht gemeint, was ich gesagt habe.

Ist ja gut, sagte der Vater, jetzt beruhige dich, Anastasía, sagte er, es ist ja alles gut.

Nein, heulte ich auf, ist es aber nicht, du sollst mit dem Hubert nicht so sein.

Der Vater war ganz ruhig, er hatte seine Arme um mich gelegt, mit seinen Händen klopfte er auf meinen Rücken, sehr sanft, Baby, dachte ich, ich bin doch kein Baby mehr, und wollte es aber doch, wie ein Baby sein. Irgendwann richtete ich mich auf, ein wenig verlegen jetzt, der Vater gab mir ein Taschentuch, wie die Bibliothek leuchtete, durch Tränenschleier, wie sie glühte in der Nachmittagssonne.

Ist dir das so wichtig, mit Hubert?

Ja, nickte ich.

Was willst du denn von ihm?

Gar nichts, sagte ich, und meinte es vielleicht auch. Mit ihm reden.

Warum?, fragte der Vater.

Ich weiß nicht, sagte ich, so. Ich habe ihn immer so gemocht, warum soll ich nicht mit ihm reden können.

Das kannst du ja, sagte der Vater. Ich kann dir das ja auch gar nicht verbieten.

Nein, sagte ich. Ich will aber, dass du es weißt. Und dass du nicht so bist zu ihm.

Aber das, sagte der Vater, und ich sah, was er zurückhielt, dass es mich nicht wieder ansprang, aber das geht nur mich etwas an.

Du sollst, sagte ich, und es lief mir nass übers Gesicht, du sollst zu mir nicht anders sein, nur weil ich mit ihm rede.

Das werde ich nicht, sagte der Vater. Aber, sagte er nach einer Weile, in der wir beide auf das geschaut hatten, was vor uns lag, disteliges Gestrüpp und dahinter, wie im Gold errötend, Marmorblöcke, die sich auftürmten in ein Blau, aber du täuschst dich in ihm, das muss ich dir doch sagen.

Ich will nur mit ihm reden, sagte ich.

Ich vertraue ihm nicht.

Mir kannst du vertrauen, sagte ich und wusste nicht, was ich damit versprach.

Am Abend, noch vor dem Essen, bin ich zu Hubert

gegangen. Er stand unter der Tamariske, mit anderen, dann komme ich morgen zu dir, sagte ich, zu laut wieder und als hätten wir ein Gespräch unterbrochen gehabt, das ich jetzt fortsetzte, und du zeigst mir, was ihr gefunden habt. Ich wartete, bis er nickte. Die Röte, die über sein Gesicht ging, bis morgen also, sagte ich, und setzte mich zum Vater und zu Ilse, die mich anlächelte.

. . . . .

Martin hat geschrieben. Eine Mail war in meiner Post, von Martin, Martin Weber, ganz scharf sehe ich ihn, wie er gewesen ist vor dreizehn Jahren, Martins Lächeln.

Menschen wie dein Vater, schreibt er, haben aus mir einen gemacht, der überleben kann. Weil er nicht das Verwirrte und Unfertige gesehen hat, sondern das, was dahinter war, was sich gequält hat, um ans Licht zu kommen. Geburtshelfer fast, schreibt Martin. Ich weiß nicht, ob ich ihm das je gesagt habe, es ist ja immer eine Scheu, kennst du das?, vor dem anderen Menschen.

Du bist ihm sehr ähnlich, aber das weißt du wahrscheinlich. Du musst dich nicht um deinen Vater fürchten. Die Erde ist für ihn immer etwas Freundliches gewesen.

Wäre ich irgendwo in Europa, schreibt Martin, würde ich zum Begräbnis kommen, aber ich bin im

Irak. Das ist eine komplizierte Sache hier, das kannst du dir denken, ich kann auch nicht so einfach weg.

Es ist das Leben so ein Geschenk hier wie nirgends, schreibt er. Unter dem Himmel, der hier ist, denke ich an dich und an deinen Vater, wie er in den Hügeln ist und in seiner Stadt.

. . . . .

Am dritten Tag der fünften Woche war ich das erste Mal mit Hubert im Artemision.

Hier haben Wood und Hogarth gegraben, sagte er versonnen. Die Engländer, sagte er, haben 1905 zugeschüttet, was sie ausgegraben hatten. Wir haben das Kernstück der alten englischen Ausgrabungen, die sogenannte Zentralbasis, als Erste wieder so gesehen, wie die Engländer sie hinterlassen haben.

Historische Schauer, sagte ich, sollten mich jetzt heilige Schauer überwallen, oder?

Historische Schauer, sagte Hubert, wären durchaus angemessen. Dazu kommt noch, dass wir aufgrund der extrem guten Witterungsverhältnisse noch unter das Hogarth'sche Grabungsniveau gehen können. Seit vielleicht dreitausend Jahren hat das hier keiner mehr gesehen. Also ja, unbedingt sollte es dich jetzt schauern.

Hubert führte mich über das Ausgrabungsgelände, er zeigte mir auf Plänen, wie ich mir die Anlagen in die Landschaft schreiben konnte. Hier, sagte er und wies auf eine nicht aufgerissene Fläche, hier liegen der

Hofaltar und der Hekatompedos. Rechts davon waren der Kroisostempel und das Jüngere Artemision, später dann die Kirche. Er zeigte auf das Trümmerfeld, das vor uns lag und in dem ich nichts sah als Steine, die in keiner für mich erkennbaren Ordnung aus der Erde ragten, übereinander sich türmten. Die Wege zwischen ihnen waren von Fahrrillen durchzogen, und dann waren da noch Löcher, in die Erde geschnittene Rechtecke.

Hier hast du die Tempelnordseite, sagte Hubert, da arbeitet eine andere Gruppe, und hier, wir blieben bei einer in die Erde geschnittenen Grube stehen, hier ist die Zentralbasis. Aber, seine Augen flammten auf, Hogarth hat nicht gewusst, dass noch etwas unter seiner Zentralbasis liegt. Das, er holte Luft, als wäre ihm die Brust zu eng, das ist der Peripteros, ein Ringhallentempel, möglicherweise der älteste Ringhallentempel in der griechischen Architektur.

Historisches Schauern, sagte ich, unbedingt, sagte Hubert.

Stefan und Barbara, die mit den türkischen Arbeitern in den Kammern standen, winkten ihn zu sich. Er sprang in die Grube, beugte sich über etwas. Er wischte über die Erde, vorsichtig, einer der Arbeiter hockte sich neben ihn, sie redeten schnell, dann kam Hubert zu mir zurück. Ich muss da jetzt weitermachen, bleib, wenn du willst. Dort drüben, er zeigte auf eine dunkelgrüne Plane, die unter einem Olivenbaum gespannt war, das ist unser Platz, Tee um zehn, du bleibst doch?

Teatime, sagte ich, very British. Hubert grinste und ging zu den Arbeitern zurück.

Wie am ersten Tag entzückte mich das Ritual, entzückten mich die Oliven, die Tomaten und Gurken, der Käse, die Sesamkringel, und dass wir im Freien saßen, Gänse watschelten an uns vorbei, ein Wind fuhr über das Gelände und wirbelte Staub auf. Die Geschichte der Bauten, fuhr Hubert fort, die schon vor dem Kroisostempel hier waren, die Geschichte des Kroisostempels selbst und des Jüngeren Artemisions, der späteren Nutzung als Kirche, über die Jahrhunderte wird das Bestehende in sekundärer, tertiärer Nutzung immer wieder verbaut. Hubert raufte sich das Haar, auch dass ich diese Bewegung kannte, entzückte mich. Das ist unglaublich spannend, sagte Hubert, reichlich kompliziert auch, du brauchst Jahre, bis du halbwegs einen Durchblick hast. Und jeder Stein kann dich vor neue Anforderungen stellen, es ist ein Rätselspiel ersten Grades, er lachte.

Mit dem Peripteros sind wir im Zentrum des Kultes angelangt, sagte Hubert. Der Ringhallentempel hatte im Innern eine offene Cella, den eigentlichen Kultraum. In der Cella befand sich ein Baldachin, das war der Standplatz für das Kultbild, das Xoanon. Hier war das Allerheiligste, hier war die Göttin.

Ich sah über die aufgerissene Fläche. Über Erde und Steine, über Planken und Rohre, über Lastwägen und einen Bagger, der gelb am Rand der Ausgrabung stand, sah ich zu der Grube.

Das kann einem schon den Atem rauben, sagte Hubert leise.

Nach dem Mittagessen, während die Studentinnen im Schatten dösten, Barbara und Stefan waren ins Grabungshaus gefahren, ging Hubert mit mir noch einmal durch das Gelände. Am Ende unseres Rundgangs standen wir wieder vor der Ausgrabung des Ringhallentempels. Hubert starrte in die Grube, in der ockergelb uralte Mauern aus dunkler Erde ragten. Immer habe ich hier sein wollen, sagte Hubert, genau hier, wo es angefangen hat. Das ist mein Ort, verstehst du das, Ana? Hubert bückte sich. Es ist auch der Ort deines Vaters, setzte er hinzu. Er sollte hier sein.

Bis zum Abend saß ich unter Eukalyptusbäumen. Busladungen von Touristen kamen, die blieben im Schatten der Olivenbäume auf der Anhöhe stehen. Manchmal wanderten vereinzelte Touristen, die die Absperrungsbänder ignorierten, über das Gelände, bis sie von einem Archäologen wieder verscheucht wurden. Zum Nachmittagstee hatte Hubert mich unter die Plane gewinkt. Er saß bei den Studentinnen, die lachten laut, wenn er etwas sagte. Ich ging dann wieder unter die Eukalyptusbäume, dort hat mich Hubert abgeholt. Wir fahren, sagte er und streckte mir die Hand entgegen, sie war warm und staubig, und zog mich hoch. Als wir im Grabungshaus ankamen, stand der Vater in der Auffahrt vor dem Büro. Wenn du willst, sagte Hubert, kannst du ja wieder einmal vorbeischauen, und ging mit Barbara und Stefan und den Studentinnen. Ich hätte dem Vater gerne gesagt, was ich gesehen hatte, aber wie hätte ich es ihm sagen sollen. Und er fragte auch nicht.

II

Aus nachtschwarzem Samt taucht die Stadt auf in einen rosenfarbenen Morgen. Kühle Bläue, die zittert am grauen Stein. Die Farben des Meeres, ozeangrün, ein schattiges Blau, ein Hauch von Violett, das zieht, bevor das Licht sich golden ergießt, zieht das durch die Straßen, das schäumt die Wege hoch und über den Stein, stürzt sich in die Schluchten, die sich auftürmen, fremd noch am Morgen. Das Helle und das Rosafarbene dann, von dunklen Zypressen gesäumt, duftendes Kieferngrün. Safrangelb im frühen Licht schimmert, dunkel geädert und rot und blau, der Marmor der Bibliothek. Wie wenn in Ebbe und Flut das Licht über den Marmor ginge, kommen die Farben und gehen und glühen, wenn es Abend wird, von innen aus dem Stein. Und was farbig steht zwischen den Steinen, distelviolett, malvenlila und olivenbaumgrün, königskerzengelb, so dunkel der Lorbeer; dass auf verwittertem Stein Flechten sich krallen in rostigem Braun und Rot, und Grau und Grün, ausgefranst. Nicht weiß ist die Stadt. Dass die Materie heilig ist, habe ich das gewusst. Das Geheimnis der Göttin.

Wie ein goldenes Band lagen die Wochen vor mir. Von der Stadt ins Artemision, vom Artemision in die Stadt und wieder zurück ins Artemision, das waren jetzt meine Tage. Ich kann dich immer brauchen, sagte Jan, also ging ich mit ihm. In die Hügel auch wieder, das freiere Leben hier, sagte Martin. Im Depot beugte ich mich mit Ilse über Scherben. Es war mit ihr jetzt so, manchmal, als könnten wir befreundet sein. Was noch im Depot war: David und seine Pfeilspitzen, kleine Knöchelchen, Kinderskelette, Knochen von Tieren. Amphoren und Teller und Schalen und Samen von Pflanzen, die vor tausend Jahren geblüht hatten. Was aus dem Artemision kam, machte mich staunen. Vogelanhänger aus Bronze, geschwungene Linien, als hätte einer den Schatten eines Vogels eingefangen, der in großer Höhe flog.

Fibeln und Nadeln, eine Miniaturschale, ein Miniaturkrug, Münzen, heiliger Müll, sagte Barbara. Skarabäen. Weiß und gelb und blau lagen sie in Huberts Hand, Glücksbringer. Ein Stück Blech, Goldblech, sehr klein, das eine nackte weibliche Figur zeigte, die Göttin, dachte ich. Das wog so leicht, als Hubert es mir vorsichtig in die Hand legte, ich wagte nicht mich zu rühren. Pferde, ein Hirsch und eine Ziege, ein Wildstier. Eine Glocke aus Bronze, ein Hinweis, sagte Hubert, auf die Anwesenheit von Nomaden im Artemision, insbesondere von Kimmerern. Nein, sagte ich, Kimmerier, wilde pferdemelkende Männer, Hubert grinste.

Auf langen und hohen Regalen standen die Fundkisten, gestapelte Zeit. Wie das Licht in breiten Bahnen durch die Oberleuchten fiel, und das Holz schimmerte honigfarben. In Drahtschlingen war gefangen, was aus der Erde kam, auf Papier geworfen, was durch die Zeit gegangen war, verdoppelt, vervielfacht, als könnte man festhalten, was gewesen ist. Ein Flüstern ist immer, wo Dinge sind.

Wenn der Wind heiß wehte, fuhr mir eine Hitze ins Herz hinein, luftlos. Was sonst gut war, dass mir Hubert den Korb abnahm, den ich aus der Küche geholt hatte, sein schnelles Lächeln, dass ich im Bus neben ihm saß, manchmal war das jetzt so, und er fragte mich, was sollen wir dir heute bieten?, einen Schatz vielleicht oder nur Erde und Steine und Sand? Wenn er mir das Teeglas in die Hand drückte, mein Herz war in meinen Fingerspitzen. Wenn er mit Stefan und Barbara, mit den Studentinnen den Grabungsfortgang diskutierte, aber sein Lächeln war bei mir. Wenn er mich fragte, darf ich sehen, was du gezeichnet hast, dann blätterte er meine Zeichnungen durch, Skizzen von Bäumen und Steinen, von Säulen und Störchen, Vogelschwärme, die Festung, die Moschee, kleine Figuren in einer großen Landschaft.

Das ist schön, sagte er.

Was sonst gut war, dass er ein paar Minuten neben mir saß, unter Eukalyptusbäumen, unter Olivenbäumen, wenn er wieder ging, hatte er kleine Türme gebaut aus Steinen und Zweigen oder Kreise gelegt aus Olivenkernen. Oder er schwatzte und erzählte mir

Geschichten von früheren Ausgrabungen, über die Kollegen, du glaubst es ja nicht, sagte er, wenn ich dir das erzähle, erzähl, sagte ich. Wie er seinen Kopf schief legte, wenn er sagte, dann gehe ich jetzt wieder. Was sonst gut war, machte mir diese Tage schrecklich bang.

Ich bin doch nicht viel mehr als eine lästige Touristin, habe ich einmal gesagt.

Nein, hat Hubert gesagt, das bist du nicht.

Was denn dann?

Du, du hast einen Platz hier.

So, einen Platz, was denn für einen Platz? Ihr habt eine Berechtigung, hier zu sein, mich duldet ihr, weil ihr müsst.

Hubert nahm eine Strähne meines Haares zwischen seine Finger. Mein Haar glitt durch seine Finger, dann schien er zu merken, was er tat, er trat einen Schritt zurück.

Wenn ich dich unter den Bäumen sehe, sagte er, und als suchte er etwas am Horizont, so konzentriert schaute er jetzt in die Ferne, wenn du über den Platz gehst, ich kenne dich immer. Als wandelte die Göttin, sagte er und errötete.

Dann ging er und ich blieb und setzte mich unter die Eukalyptusbäume, und später, wenn ich an ihm vorbeiging, warf ich mich manchmal in Pose, wandelnde Göttin, sagte ich, und er lachte.

Ihr dürft das nicht verändern, sagte ich und nahm mit einer Armbewegung alles mit, was um uns herum war, es ist vollkommen.

Der Vater lachte.

Ich will nicht, dass ihr das zerstört.

Die Zerstörung ist doch schon passiert, sagte der Vater.

Es ist perfekt, so wie es ist, beharrte ich.

Wenn wir nichts tun, wird sich die Natur deinen perfekten Ort zurückholen, das weißt du. Es ist ein romantisches Plätzchen, aber das ist keine archäologische Kategorie, Anastasía.

Verstehst du das nicht, sagte ich, wütend plötzlich, wieso verstehst du das nicht? Dass es nicht immer nur um archäologische Kategorien geht.

Du bist aber hier auf einer archäologischen Ausgrabung, Anastasía, sagte der Vater steif. Und ich fürchte, da sind es ausschließlich archäologische Kriterien, die zählen.

Das ist so ein schöner Ort, rief ich, und ihr macht ihn kaputt!

Der Vater runzelte die Stirn. Was soll ich mit dir anfangen, Anastasía. Er packte die Essensreste und das Geschirr in den Korb, mit dem er gekommen war. Vielleicht beruhigst du dich bis zum Abend, dann können wir gerne reden.

Und wenn dir was nicht passt, gehst du einfach weg, schrie ich ihm nach.

Der Vater drehte sich um. Ich muss zurück ins Theater, sagte er. Ich arbeite hier, das ist auch eine der

Kategorien, die du vielleicht nicht verstehen willst. Aber für mich sind sie verbindlich, das kann ich nicht ändern.

Dann geh, schrie ich, dann geh halt. Aber du musst nicht meinen, dass ich am Abend mit dir rede.

In der Luft war ein böses Summen, als ich davonstürmte. Wieso verstand er mich nicht, wieso hörte er nicht zu? Meine Zehe knallte gegen eine Marmorplatte, mit einem Aufschrei ging ich zu Boden. Dann war der Vater neben mir, meine Zehe blutete, er umwickelte sie mit einem Taschentuch, er half mir auf und ich humpelte zur nächsten Säulenbasis, auf der ich fluchend niedersank.

Was ist jetzt los?, fragte der Vater, erklär's mir.

Ich weiß nicht, sagte ich.

Dass wir die Theaterstraße irgendwann restaurieren, ist das so schlimm?

Nein, sagte ich. Natürlich nicht. Das war dumm von mir.

Was ist es dann?

Ein Falter flatterte auf, ein Zweig schwankte, der Vater wartete. Ich will nicht, sagte ich, dass andere hier sind, wo wir sind. Dass andere dort sein werden, wo wir gewesen sind. Es soll sich nichts ändern, nicht hier und überhaupt nicht, nie.

Der Vater saß ganz still.

Ja, sagte er schließlich. Ich verstehe.

Er stand auf. Brombeeren, sagte er, schau dir das an, unreife Früchte und Blüten und Beeren, alles auf einem Zweig. Er pflückte eine Handvoll Beeren, die waren klein und schwarz und süß und ihr Saft war dunkelrot.

Um diese Zeit etwa sind die Wandschmierereien aufgetaucht. In Selçuk zuerst, in der Straße, die nach einem Wiener Bauunternehmer benannt ist, auf der Zufahrtsstraße zum Grabungshaus, schließlich auf der Mauer, die das Areal des Grabungshauses umgab. Ephesos den Türken, übersetzte mir der Vater, Kein türkisches Gold nach Österreich, der Vater ärgerte sich fürchterlich.

Vierzig Jahre für Ephesos gearbeitet, wir geben doch dem Land etwas, wir nehmen doch nichts. Alles, was wir finden, das müssen die Leute doch wissen, es bleibt alles hier, es kommt alles hier ins Museum, oder nach Izmir, nach Istanbul, es bleibt alles im Land. Mein ganzes Leben, sagte er, habe ich dem Ort hier geweiht, jawohl, geweiht, wiederholte er, als hätte ich Einspruch erhoben. Und immer habe ich nur das Wohl der Stadt im Auge gehabt, es hat in all den Jahren keine Unregelmäßigkeit gegeben, keine einzige, was wollen die Leute.

Als dann selbst auf der Mauer des Depots eine hässliche Kritzelei auftauchte und eine blutrote Inschrift von der Wand schrie, Fuck Avusturya!, ließ Hans eine Wache aufstellen.

Das kann doch nicht sein, wütete er, dass wir hier eine Arbeit tun, die für die ganze Region, für das ganze Land wichtig ist, die Touristen bringt, die das

Kulturerbe erhält, und dann werden wir beschimpft und bedroht, das kann es doch nicht sein!

Ein Polizeibeamter befragte uns, ob wir Ortsfremde gesehen hätten, er fotografierte die Schmiererei, er fragte, ob etwas abhanden gekommen sei, das fehlte noch, sagte Hans.

Wenn hier jemand dem Land schadet, sagte Hans, dann sind es die Leute, die in Raubgrabungen verwickelt sind, und das sind nicht unsere Leute. Jeder Raubgräber, sagte er, torpediert unsere Arbeit und schadet dem ganzen Land, die gehören ins Gefängnis, sagte er, stattdessen attackieren sie uns!

Der Polizist instruierte die Wache, die sich vor dem Haupttor postiert hatte, er redete mit dem Kommissar, wir gehen dem nach, versicherte er meinem Vater, wir nehmen das sehr ernst.

Am Abend wies Hans in einer Versammlung die gesamte Grabungsmannschaft darauf hin, die Augen offen und die Hintertür geschlossen zu halten. Und wenn einer schnell ein Bier kauft, sagte er, dann muss er durch den Haupteingang wieder herein, jemand murrte, die Hintertür bleibt jedenfalls geschlossen.

Das ist ein Spinner, sagte Hubert am nächsten Morgen auf der Fahrt ins Artemision, der sich wichtig macht. Die Arbeiter sind froh, dass sie eine Arbeit haben, und für die meisten ist es fast eine Ehrensache, hier zu sein. Ihre Väter, ihre Großväter haben schon hier gegraben, ich habe mit einem geredet, sagte er, dessen Urgroßvater hat Hogarth gekannt, der hat Benndorf gekannt. Heilige Schauer, dachte ich,

Hogarth und Benndorf gekannt. Die Leute hier sind uns doch verbunden, sagte Hubert, denen ist, was wir tun, genauso wichtig wie uns.

Die Schmierereien auf dem Depot und in der Umgebung des Grabungshauses wurden entfernt, die Wache hielt Wache, imposant zu Beginn fasste sie jeden Ein- und Ausgehenden scharf ins Auge. Neuankömmlinge mussten es sich schon gefallen lassen, dass der Wachposten sie vor den Kommissar zerrte, aber nach den ersten Klagen über seine übertriebene Dienstbeflissenheit, selbst meinen Vater kontrollierte er täglich aufs Neue, als hätte er ihn noch nie gesehen, nach den ersten Klagen also sah man ihn immer öfter am Eck der Zugangsstraße stehen, wo er mit den Vorbeikommenden und den Nachbarn tratschte, und weil in der Umgebung des Grabungshauses keine Schmierereien mehr auftauchten, beschwerte sich auch niemand über seinen nachlassenden Eifer.

An dem Tag, an dem sie den Schatz gefunden haben, war ich im Artemision. Ich wollte gerade gehen, ich wollte mit dem Bus nach Ephesos fahren, der Vater erwartete mich, da war auf einmal eine Aufregung im Peripteros. Die Archäologen der anderen Projektgruppen liefen zu der Grube, als ich dort ankam, war ich auf etwas Großartiges gefasst, aber was mir Hubert entgegenstreckte, matte braune Plättchen und tropfenähnliche Objekte, erschien mir sehr unspektakulär. Bernstein, sagte Hubert, das Gold des Meeres. In einer Fundkiste lagen dreißig, vierzig Plättchen und Tropfen und Stäbe, da ist noch mehr, sagte Hubert, das ist etwas Großes. Bis zum Abend hatten sie mehr als hundert Bernsteinobjekte aus der Erde geholt und Perlen aus Glas, aus Ton, aus Stein. Erst am Abend im Depot sah ich die Vielfalt der Farben und Muster und Formen.

Hübsch, sagte ich, das sind hübsche Kügelchen.

Diese Perlen sind viel mehr als nur hübsche Kügelchen, lachte Olivia, die die Funde im Depot aufarbeitete. Man hat den Perlen Heilkraft zugesprochen, magische Kräfte, sie sind symbolische Behältnisse heiliger Weisheiten.

Olivia drehte eine Perle, die war schwarz und gelbe Bänder wellten sich im Schwarz. Perlen waren auch Zahlungsmittel für die Reise ins Jenseits, sagte sie, wenn sie also so gehäuft hier auftreten, stehen sie in Bezug zu der Göttin, die hier verehrt wurde, und sind definitiv weit mehr als nur hübsche Kügelchen.

Es sieht jedenfalls nicht so aus, sagte Stefan, als wären das normale Opferbeigaben. Keine Tierknochen, keine Brandrückstände, die Fülle der Objekte.

Wir sollten, sagte Hubert, keine voreiligen Schlüsse ziehen, das hat dein Vater immer gesagt, sagte er zu mir gewandt. Die Ungeduld bezähmen, auf dem Boden der Tatsachen bleiben.

Der Gedanke an meinen Vater schien Hubert zu ernüchtern. Als dann der Vater kam, gemeinsam mit Hans, mit dem Kommissar und dem Museumsdirektor, hielt sich Hubert im Hintergrund. Stefan berichtete, während die Männer sich über die Funde beugten.

Wir sind, sagte er, im Bereich östliche Cella des Peripteros um die Rechteckbasis herum auf eine Fülle von Objekten gestoßen, die zum einen eben durch ihre Fülle, zum anderen aber auch durch ihre Zusammengehörigkeit bestechen. Es scheint sich, soweit wir das bis jetzt sagen können, nicht einfach um heiligen Müll zu handeln.

Es ist der Kosmos, sagte Hubert unvermittelt. Er war einen Schritt vorgetreten und stand jetzt meinem Vater gegenüber. Über den Tisch hinweg, auf dem die Funde im Licht der Lampen schimmerten, sahen die beiden einander an. Es ist der Schmuck der Göttin, sagte Hubert, du weißt, dass es so ist, Richard. Wie gegen einen starken Widerstand und als wären wir anderen alle gar nicht da, redete Hubert weiter. Das ist es, sagte er, wovon wir geträumt haben, Richard, weißt du es nicht mehr? Sie ist da, die Göttin, in ihrem Schmuck, so nah wie noch nie, das ist es, was sie getragen hat, vor fast dreitausend Jahren. Du und ich, Richard, sagte Hubert.

Der Blick des Vaters glitt über die Bernsteinobjekte, die Perlen, er berührte eines der Plättchen, du und ich, sagte er, wie nebenbei, wir haben keine gemeinsamen Träume.

Als wollte er ihn zwingen ihn anzusehen, sah Hubert dem Vater ins Gesicht. Du bist der Projektleiter, sagte er. Es ist immer noch dein Projekt. Du übernimmst es im Herbst wieder, warum, Hubert holte tief

Luft, warum kommst du nicht morgen mit? Oder ich zeige es dir am Abend, Richard, ich wäre froh darüber, dein Fachurteil zu haben.

Der Vater lachte höhnisch. Traust du dich nicht allein drüber, schnaubte er, kriegst du kalte Füße, ist es dir zu groß?

Richard, sagte der Grabungsleiter, während der Kommissar und der Museumsdirektor irritiert vom einen zum andern sahen, das ist es nicht, sagte Hubert, und das weißt du. Als wäre selbst seine Stimme bleich geworden, fuhr er fort. Ich dachte, du würdest das begleiten wollen, ich dachte, du würdest dein Projekt mitverfolgen wollen.

Begleiten! Mitverfolgen! Der Vater keuchte. Ich begleite nicht mehr, was du machst.

Richard, sagte Hans, Hubert hat recht. Es ist dein Projekt. Hubert hat die Verantwortung für die Arbeit übernommen, dafür bin ich ihm sehr dankbar, und du weißt, dass es so schnell keinen anderen gegeben hätte. Aber du bist der Letztverantwortliche, du bist der Ältere, Richard, du kennst das Artemision seit Jahrzehnten, wenn du ihm also zur Seite stehst –

Ich bin für dich kein Zurseitensteher mehr, fauchte der Vater, dass Hubert zurückzuckte. Dass ich es gewesen bin, war ein Fehler, ich mache einen Fehler kein zweites Mal, begreif das endlich. Ich bin kein Zurseitensteher mehr.

In der Stille, die dann war, ging der Vater davon, mit großen Schritten. Problem?, fragte der Kommissar, no problem, sagte Hans, absolutely no problem.

Misch dich nicht ein, sagte der Vater später, noch bevor ich etwas sagen konnte. Halt dich da heraus, Anastasía. Versuch nicht, es zu verstehen.

Warum, fragte ich, nein, sagte er. Du geh hin, du schau dir das an, du sei dabei, vielleicht wirst du nie wieder so etwas Großes erleben. Aber, er hob die Hand, lass mich da, wo ich bin.

Darf ich dir davon erzählen?

Besser nicht, sagte der Vater, besser nicht.

. . . . .

In unserem ersten Jahr hat mich Friedrich gefragt, ob ich mit ihm Weihnachten feiern will. Wozu, habe ich gesagt, wozu soll das gut sein? Also ist er zu seiner Familie ins Salzkammergut gefahren, du kannst mitkommen, wenn du willst. Was mache ich bei Familienfeiern von Fremden?, habe ich gesagt. Bin ich ein Fremder für dich?, hat er gesagt, wir schliefen seit Mai miteinander, ja, habe ich gesagt, was hast du gedacht.

Während der Feiertage habe ich gearbeitet, abends ging ich aus. Wieso rufst du an?, fragte ich Friedrich, ich wollte mich nicht an ihn erinnern und schlief mit Männern, die ich schon vergessen hatte, bevor ich von ihnen wegging. Hitze und Nässe eines Körpers, eine Erregung, die mich kalt ließ.

Als dann Friedrich wieder da war, seine Freude, bei mir zu sein, sein Begehren machte mich wütend.

Wie er sich, weil ich ihm nicht entgegenkam, abmühte an meinem Körper, ich war schrecklich wütend, wie erbarmungslos. Da war eine Verwirrung in seinem Gesicht und eine Scham, deshalb habe ich ihn nicht weggeschickt. In der Früh habe ich seinen Körper gesucht und wir sind zusammengekommen, schnell und heftig, und als sollte es so sein.

. . . . .

Einmal habe ich Hubert an einem Samstag auf dem Markt in Selçuk getroffen. Ich war mit Ilse in die Stadt gegangen, die Einkaufsstraßen entlang, an Kebapständen vorbei zu den Störchen auf dem Aquädukt beim Bahnhof. Auf dem Rückweg waren wir über den Markt gegangen, der am Samstag auf dem Platz vor einer Moschee stattfand, da habe ich Hubert gesehen. Ich bin mit Ilse weitergegangen, aber dann bin ich doch umgekehrt, ich muss noch was, habe ich zu Ilse gesagt und bin umgekehrt.

Ich stand vor Hubert, kann ich mich zu dir setzen? Da sind wir dann gesessen, und da war sonst keiner. Was liest du, habe ich ihn gefragt, weil er ein Buch weggelegt hat, mein Türkisch auffrischen, hat er gesagt, und du?

Keine Rittergeschichten mehr, sagte ich, Grabungsberichte.

Wir sind gemeinsam zurückgegangen, vorbei an weißgetünchten Häusern, vorbei an Läden mit Teppichen, mit Pfirsichen und Melonen, mit bronzefarbenen Teekannen und Wasserpfeifen und Keramikschalen, türkis und blau und rot, als wären wir schon immer so gegangen. Ich habe dich gefunden, sagte ich, in den Grabungsberichten, zufällig, sagte ich, aber das stimmte nicht. Du bist, war das das allererste Mal?, vor vierzehn Jahren an einem Samstag angekommen, es war windig und der Himmel war wolkenverhangen, bei 28 Grad.

Tatsächlich?, sagte Hubert, ja, sagte ich, an dem Tag war auch ein Fernsehteam da, offenbar unangemeldet, das hat der Vater, der war Grabungsleiter, durch Ephesos geführt. Überfallen und verschleppt, entführt, hat er an diesem Tag in den Bericht geschrieben.

Stimmt, sagte Hubert, ich erinnere mich, das hat er gerne so erzählt.

Du hast im Depot gearbeitet und später warst du im Artemision, mit dem Vater, weißt du das noch?

Ja, sagte Hubert und seine Stimme war wieder wie bleich, natürlich, ich hab das nicht vergessen.

Weißt du auch noch, ich sah Hubert an, wie es bei uns zu Hause war?

Ja, sagte er. Natürlich weiß ich das noch.

In dem Jahr, als du das erste Mal hier warst, bin ich vier geworden, sagte ich, und an meinem vierten Geburtstag war der Vater im Artemision, es war sonnig, bei fünfunddreißig Grad. Er hat am Kroisostempel gegraben, Streufunde in der Nordwestecke, schreibt er. Warst du da auch dabei, Anfang August?

Nein, sagte Hubert. Erst später.

Der Vater war an meinem Geburtstag nur selten zu Hause, sagte ich, aber er hat immer angerufen. Ich habe den Vater verloren gehabt, so viele Jahre. Wir sind doch weggegangen, die Mutter und ich, was hätte der Vater auch mit mir anfangen sollen.

Das tut mir leid, sagte Hubert.

Als wir dann schon fast beim Grabungshaus waren, die Schatten der Bäume am Straßenrand tanzten vor unseren Füßen, fragte ich, du und der Vater, habt ihr denn nie versucht, euch zu versöhnen?

Hubert blieb stehen. Haben wir es versucht, sagte er zu den Bäumen und ihren Schatten. Ich wollte es immer, sagte er. Er hat keine Versöhnung gewollt, was konnte ich tun.

Wir gingen weiter, die Hintertür des Grabungshauses, die geschlossen sein sollte, stand einen Spalt offen.

Auf Wiedersehen, Ana, sagte Hubert. Er zog die Tür auf, um mich einzulassen. Er hat mich angerufen, sagte er mitten in der Bewegung. Ein paar Wochen, nachdem das passiert ist, unser Streit, hat er mich angerufen. Wir müssen über die Sache reden, hat er gesagt, aber als ich dann bei ihm war, hat er mich hinausgeworfen.

War es am Sonntag nach diesem Samstag, dass ich in Pamucak war, am Strand, und Hubert war auch da? Er war mit anderen da, das hat mich scheu gemacht. Er muss mich aber gesehen haben und ist auf mich zugekommen, zögernd. Bist du allein hier, dein Vater, Ilse?, ich wehrte entsetzt ab, Ilse doch nicht.

Magst du dich zu uns setzen?

Nein, sagte ich, ich bin gern einmal allein.

Soll ich gehen?

Nein, sagte ich.

Was jetzt, er lachte, allein oder mit mir?

Beides, sagte ich.

So, sagte Hubert und sah auf das Meer, und ich krümelte den Sand.

Magst du ins Wasser?

Später, sagte ich. Dann hat eine aus der Gruppe nach Hubert gerufen, also später, sagte Hubert, ich bin dann aber bald aufgebrochen.

. . . . .

Ich hatte eine Tochter, schreibt der Vater, sie hat mich aus ihrem Gedächtnis gestrichen, aber es ist nicht möglich, dass ich sie aus meinem streiche.

Seit der Vater tot ist, flutet er mein Gedächtnis. Es ist aber jetzt zu spät, sage ich zu ihm und horche. Der Vater schweigt.

. . . . .

Hubert ist bei der Mauer gestanden, wartest du auf jemanden?, habe ich ihn gefragt, nicht mehr, hat er gesagt. Hubert sah die Straße, die zum Grabungshaus führte, hinauf, da saß im Lichtkreis einer Straßenlaterne eine Gruppe älterer Frauen, in Pluderhosen und Pluderröcken, darüber trugen sie Kleider und Schürzen, Tücher aus bunten Stoffen mit Kreisen und Wellen und Karos und Tropfen, Buntgeflecktes, alle Farben und alles gemischt, ältere Frauen, die schwatzten. Ich weiß manchmal nicht, wie ich tun soll mit uns, sagte Hubert. Wie distelig war seine Stimme in der samtweichen Nacht.

Hubert, sagte ich, ich bin immer gerne mit dir zusammen gewesen, ich hab dich doch immer geliebt. Drüben schwatzten die Frauen, eine heiße Welle überschwappte mich. Also, du weißt schon, ich lachte verlegen. Du warst doch mein Vorbild, sagte ich, mein Ritter. Wenn ich einen Bruder hätte haben können, dann wärst du das gewesen.

Dann ist es ja gut, sagte Hubert, magst du mit mir ein wenig spazieren gehen?, sagte ich und ging schon voraus und redete und redete. Zwischen den Palmen hingen Lichterketten und junge und alte Männer gingen auf und ab, und Frauen saßen auf den Bänken und Familien. Ich erzählte Hubert alles, was mir einfiel, was sie im Grabungshaus geredet hatten, hast du gewusst, sagte ich, dass John im Irak gegraben hat, er mag keine Steine, sagt er, kannst du dir das vorstellen? Schlamm, sagt er, gebackener Schlamm, Lehmziegel, das ist das einzig Wahre. Und hast du gewusst, dass

Ilse einmal beinahe verschüttet worden ist, schlechte Sicherung der Wände, das ist doch arg. Und hast du gewusst, Ana, sagte Hubert, er streifte meinen Arm, es ist schön, was du gesagt hast, okay.

Okay, sagte ich, und dann gingen wir einfach nur so nebeneinander her, bis zur Moschee. Dort setzten wir uns auf die Stufen und sahen zu, wie die Händler ihre Keramiken verkauften, hübsche Teller und Becher und Schüsselchen. Etwas roch süß und Hubert kaufte Kürbiskerne, wir knackten sie und spuckten die Schalen aus. Wir saßen wie früher eng nebeneinander. Ich war zwanzig, sagte Hubert, als ich das erste Mal in Ephesos war. Ich habe alles gelesen gehabt, was es über Ephesos gab, also alles. Ich habe gewusst, es ist groß, ich habe mir aber nicht vorstellen können, wie es mich treffen wird.

Sehe ich dich morgen?, fragte Hubert, als er mich zum Hotel brachte. Der Mond stand hinter ihm, ja, sagte ich, ja sicher. Und so war es dann auch, jeden Abend bin ich die Straße hinuntergelaufen und jeden Abend hat Hubert bei der Mauer auf mich gewartet. Wie zufällig und als wüsste er, wann ich die Straße hinunterlaufen würde zur Mauer, wo er auf mich wartete.

. . . . .

Handeln ist Schuld, schreibt der Vater. Nichthandeln auch. Ich habe den Vater im ersten Jahr nach Ephesos gemieden. Hätte er mich denn sehen wollen? Es kam kein Zeichen von ihm. Du kannst immer hierher zurück, hatte er gesagt, ich hatte den Vater verloren, wieder und endgültig diesmal. Dann kam eine Nacht, in der ich nicht wusste, wie ich weiterleben sollte. Verzeih mir, flehte ich, als ginge das. Es gab aber keine Vergebung, es gab keine Absolution, aber doch eine Art von Vergessen.

· · · · ·

Im Laufe der nächsten Tage holten sie im Artemision über sechshundert Schmuckstücke aus Bernstein aus der Erde, und Perlen aus Glas, Stein und Ton, Fayencen und Bronzen. Das ist ein Schatz, sagte ich, da lächelten sie, Barbara, Stefan und Hubert. Wir sind keine Schatzgräber, sagten sie, aber ich sah es funkeln in ihren Augen. Ein Hortfund, sagte Barbara, der Kosmos der Göttin, sagte Hubert. Bernstein, sagte Barbara. Die Tränen der Töchter des Helios, die über dem Leichnam Phaetons, des Bruders, weinten, der vom Himmel gestürzt war. In ihrer Trauer verwandelten sich die Schwestern in schwarze Pappeln und ihre Tränen perlten golden aus den Rinden und geronnen zu Bernstein.

Ilse lächelte, wenn ich sie fragte, ob sie nicht die Peripterosgruppe um den Schatz beneidete, den sie gefunden hatte. Ich bin gerne bei meinen Tonscherben, sagte sie. Ich sehe mir die schönen Stücke gerne an, ich spüre die Faszination, die von ihnen ausgeht, aber ich bin lieber bei den Scherben. Dass sich mir Lebenszusammenhänge erschließen, das ganz alltägliche Leben, dem vertraue ich mehr, sagte sie. Aber als die Depotgruppe, die die Funde aufarbeitete, dann die Perlen versuchsweise auffädelte, da verließ auch Ilse ihre Scherben und stand mit mir über die blauen, braunen, gelben, orangen, roten, türkisen Formen gebeugt und legte die Stränge, wie sie es sich dachte. Hübsch, sagte ich und fädelte mir meine eigene Kette. Am Abend erzählte Ilse dem Vater davon. Was störst du die Leute bei ihrer Arbeit, sagte er zu mir.

Der Vater kam mit Stefan ins Depot oder mit Hans. Ich halte ihn auf dem Laufenden, sagte Stefan zu Hubert, das ist dir doch recht? Schließlich werden wir im Herbst mit ihm weiterarbeiten. Du brauchst mich nicht zu fragen, hat Hubert geantwortet, ich weiß, dass er der Chef ist.

Einmal hat mich Hubert, ein einziges Mal, in diesen Wochen im Grabungshaus von sich aus angesprochen. Wie ungeschickt ist er vor mir gestanden, ich zeige dir etwas, hat er gesagt, schroff. Ohne sich umzusehen, ob ich ihm folgte, ist er über den Hof, über die Auffahrt, über die Stiegen im Depot gegangen. Erst als wir vor zwei Tischen im Depot standen, war es mir, als würde er ausatmen. Der Schmuck der Göttin, hat er gesagt, ihr Kosmos.

Vor mir lagen Ketten und mehrreihige Colliers aus Perlen und Bernsteinobjekten. Den Mittelpunkt bildete ein Schmuck aus miteinander vernetzten Teilen. Stäbchen und Dreiecke schimmerten rötlichschwarz auf dunklem Samt, in mehreren Reihen darüber schlossen große tropfenförmige Anhänger an. Und wie Blitze oder ein Schwarm von Vögeln folgten Zacken von goldrotem Bernstein, ein geheimes Leben glomm im Stein.

So, sagte Hubert, so könnte das Bild der Göttin geschmückt gewesen sein, das Xoanon, das Vorbild für die Marmorstatuen, die wir kennen.

Es gab, weißt du das?, eine eigene Schmückerin, eine Kosmitíra, die die Aufgabe hatte, das Kultbild zu bekleiden und ihm seinen Schmuck anzulegen. Wenn zu großen Festen das Bild der Göttin durch die Stadt getragen wurde, kannst du sie dir vorstellen, Ana, mit diesem Schmuck vielleicht, mit den Goldappliken auf ihrem Gewand, kannst du sie dir vorstellen, im gleißenden Licht.

Das Bild der Göttin, sagte Hubert, war vielleicht nur ein Pfahl. In den Augen der Gläubigen verwandelte sich, was für uns ein Stück Holz ist, in die Göttin, die in ihrem Glanz erschien.

Die Göttin war ein kreiselndes Feuerrad, ich hatte sie gesehen. Aus dem sprang alles, was lebte, ein wüstenheißer Atem und die süße, süße Verlockung, nicht zu sein. Ich muss jetzt gehen, sagte ich. Seh ich dich später?, fragte Hubert, ich schüttelte den Kopf. Manchmal war es, als müsste ich fliehen, wenn ich mit Hubert zusammen war.

Es ist nicht so, dass ich den Vater täuschen wollte, wenn ich im Grabungshaus kaum ein Wort mit Hubert wechselte. Aber die Anwesenheit des Vaters und die der anderen, und weil ich mich im Grabungshaus mit fremden Augen sah, das machte es mir fast unmöglich, dort mit Hubert zu reden. Es muss im Grabungshaus so ausgesehen haben, immer noch, als wären wir uns fremd.

Nach dem Abendessen saß ich mit dem Vater und mit Ilse zusammen, mit Vildan, David, Jan oder Martin. Der Vater zündete sich eine Zigarette an, das war mir ungewohnt, sein Feuerzeug schnappte silbern auf, einmal sind wir, sagte er und dann erzählte er von Orten, an denen es, anders als im Grabungshaus in Selçuk, keine Einzel- oder Doppelzimmer gab, Massenschlafsäle, sagte er, tropfende Duschen und streikende Toiletten, Temperaturen bis zu 50 Grad und keine Teezeit am Vormittag und am Nachmittag, kein Bier am Abend, schrecklich, stöhnte die Runde, nur Tee, morgens, mittags, abends, zwischendurch Tee, dass er dir aus den Ohren herausgekommen ist. Schlangen, sagte einer, und Skorpione ein anderer, streunende Hunde, sagte Stefan, ich saß neben Jan, neben dem Vater. Es war gut, neben dem Vater zu sitzen, ich wartete darauf, dass ich gehen konnte. Wenn es Zeit war, verabschiedete ich mich, vielleicht ging der Vater mit mir noch über den Hof zum Tor. Geht's dir gut?, fragte er, immer, sagte ich und verschloss mich vor seinem Blick. Bis morgen, sagte er, und ich ging, als wäre ich müde, in die Nacht hinein und lief, weil ich wusste, dass Hubert da sein würde, die Straße hinunter.

. . . . .

Morgen wird der Vater beerdigt. Es gibt niemanden, außer Friedrich vielleicht, mit dem ich reden könnte. Mit Friedrich will ich aber nicht reden. Die Mutter hat angerufen, gestern oder vorgestern, vielleicht schaffe ich es doch, hat sie gesagt, du siehst es ja, wenn ich da bin, bin ich da. Die Omi, denke ich, ich könnte die Omi anrufen. Aber der Großvater ist krank, und sie soll das von mir auch nicht wissen, das will ich nicht.

Dass ich die Familie des Vaters morgen sehen werde, denke ich. Da war eine ältere Schwester, die war viel älter als er und war doch sicher schon lange tot. Ich habe eine vage Erinnerung an ein Essen, an große Menschen, ich hatte mich mit einem Mädchen unter dem Tisch versteckt. Dass wir uns so wiedersehen, würden die mir unbekannten Cousins und Cousinen das morgen sagen? Du hast ihn allein gelassen, würden sie das sagen? Er hat nie mehr von dir geredet. Nein, würde ich sagen, das war anders, und verstummen. Ich gehe in die Küche, ich hole eine Flasche Wein. Als ich zurückkomme, sehe ich, dass Friedrich angerufen hat. Ich schalte das Handy aus.

. . . . .

Weißt du noch, wie es bei uns zu Hause war?

Allein euer Vorzimmer, sagt Hubert, war größer als die Wohnung meiner Eltern, nein, sage ich, doch, sagt er, hast du denn nicht gewusst, woher ich komme?

Wie meinst du das, woher du kommst?

Einfachste Verhältnisse, sagt er, so hat das deine Mutter genannt, einfachste Verhältnisse. Hat das dein Vater nie erwähnt?

Nein, sage ich, aber so etwas hat für ihn keine Rolle gespielt.

Für deine Mutter schon, sagt Hubert. In meiner Familie gab es das nicht, Tanz, Oper, Kunst, Geschichte, es wäre auch kein Geld dagewesen für so etwas. Die Mutter ging manchmal in die Leihbibliothek. Was für dich normal war, eine Villa, Gemälde an den Wänden, Biedermeiermöbel, der riesige Park, das kannte ich aus dem Fernsehen oder aus den Romanen, die die Mutter las. Das hat mich eingeschüchtert, bis zum Schluss. Bücher, sagt Hubert. Als ich die Bücher entdeckt habe, hätte ich weinen mögen, dass es noch etwas anderes gab als das, was ich kannte. Dem Vater gefiel es nicht, dass ich anders war als die Geschwister, er versteht heute noch nicht, was ich tue. Er soll arbeiten gehen, hat er gesagt. Die Mutter hat durchgesetzt, dass ich aufs Gymnasium kam. Ich bin es ihr schuldig, das habe ich immer gewusst, dass ich das Beste aus mir mache.

Wir gehen die Allee an der Fernstraße entlang, die zum Artemision führt. Hubert geht sehr schnell, ich muss fast laufen, um mit ihm mitzuhalten.

Deiner Mutter habe ich Blumen mitgebracht, weil ich dachte, das muss so sein. Meiner Mutter nie, sie hätte es auch nicht gewollt.

Ich erinnere mich an die Sträuße, die Hubert manchmal mitgenommen hat, kleine Sträuße, und wie er sie meiner Mutter gegeben hat. Sie hat sie mit einem gekräuselten Lächeln entgegengenommen, Blumen mit Papier, hat sie gesagt, kopfschüttelnd, wenn Hubert wieder weg war, hat er denn keine Kinderstube? Manchmal hat die Mutter vergessen, die Blumen in eine Vase zu geben, dann habe ich sie gefunden, in der Küche oder noch im Vorzimmer. Hubert muss es gesehen haben.

So aufwachsen wie du, sagt Hubert und bleibt stehen. In einer Villa, unter lauter schönen Sachen, einen geistreichen Vater haben, eine Künstlerin als Mutter, verwöhnt werden, etwas Besonderes sein, wie ist das?

Ich weiß nicht, sage ich. Dass Hubert sich sehnen könnte nach meinem Leben, daran habe ich nie gedacht. Ich weiß nicht, sage ich noch einmal. Es hat ja dann auch ein Ende gehabt.

Ich recke Hubert mein Kinn entgegen. Er soll mich jetzt nicht fragen, aber Hubert nickt nur und wir gehen weiter die Allee entlang.

Ich bin immer danach beurteilt worden, woher ich kam, sagt Hubert. Dein Vater war der Erste, dem das gleichgültig war. Er hat mir das Leben gerettet, weißt du das, auf mehr als eine Art. Deine Mutter, sagt Hubert, dann bricht er ab, nein, sagt er, vergiss das, entschuldige.

Die Mutter konnte ganz schön gemein sein, sage ich zu Hubert.

Nein, sagt Hubert, so habe ich das nicht gemeint. Ich schätze, sie hat mich nicht für voll genommen. Kein Wunder, ich hab mich schrecklich vor ihr gefürchtet.

Gefürchtet, sage ich.

Ja, sicher, sagt er, Tänzerin, und dann, sie war kapriziös und unglaublich schön, er lacht ein wenig verlegen. Ich hab den Mund nicht aufgekriegt, wenn sie da war.

Hast du sie gemocht?

Wie meinst du?, fragt Hubert. Ich weiß nicht, sagt er dann, mögen, das ist keine Kategorie für deine Mutter.

Unglaublich schön, denke ich, er hat sie doch kaum angesehen, wenn wir bei Tisch saßen.

Du bist mehr wie dein Vater, sagt Hubert nach einer Weile, als hätte ich ihm eine Frage gestellt.

Also nicht so schön, sage ich.

Hubert seufzt, er bleibt stehen. Er schiebt mich ins Licht einer Straßenlaterne. Du musst wissen, dass du schön bist, sagt er. Du bist ihr wie aus dem Gesicht geschnitten, aber du bist nicht deine Mutter.

Er dreht sich um und geht den Weg zurück. Immer noch, es muss schon nach Mitternacht sein, brausen die Autos vorbei, ihre Lichter schweifen über die Pärchen, die unter den Maulbeerbäumen sitzen. Ist das gut?, frage ich Hubert, atemlos, weil er so schnell geht. Dass ich nicht so bin, ist das gut oder ist das nicht gut?

Herrgott, Anastasia, sagt Hubert und bleibt so plötzlich stehen, dass ich fast in ihn hineinlaufe. Was glaubst denn du, was es ist, sagt er und dann küsst er mich, dass es fast weh tut, und ich bekomme keine Luft.

Er lässt mich los und geht, sehr schnell und als müsste er vor etwas fliehen.

Nicht hier, hat Hubert am nächsten Morgen gesagt, als ich beim Frühstück vor seinem Tisch gestanden bin, nicht jetzt und nicht hier. Er ist aufgestanden, der Sessel hat laut über den Steinboden gekratzt. Nicht jetzt und nicht hier, das habe ich dann den ganzen Tag gedacht. In der Nacht hatte ich mir seine Hände auf meiner Haut gedacht, du wirst es schon sehen, hat die Mutter geflüstert. Ich hatte mir Huberts Lippen gedacht und seine Hände, sein Gesicht, ganz nah, du wirst es schon sehen, nein, habe ich gedacht, das ist etwas anderes, wie gut es tut, etwas ganz anderes, das verstehst du nicht, du verstehst nicht, hat die Mutter gesagt. Nicht jetzt und nicht hier, wieso war eine Beschämung in seiner Stimme gewesen? Herrgott, Anastasia, seine Hände, seine Lippen, was glaubst denn du, was es ist, wieso die Scham?

Du weißt, dass das nicht geht, Anastasia, hat Hubert am Abend gesagt, das muss ich dir doch nicht erklären.

Wieso soll das nicht gehen?, fragte ich. Der Geruch von scharfem Tabak und etwas Süßem, Sesam, lag in der Luft. Wieso soll das nicht gehen?

Weil, willst du nicht vernünftig sein, Anastasia?

Wozu?

Anastasia, sagte Hubert, wie bittend. Ich äffte ihn nach, A-na-staaaaa-si-a, hör mir auf mit Anastaaasia, hör mir auf mit vernünftig sein, rief ich. Und tu bloß nicht so, als würdest du hier für mich mitentscheiden müssen. Ich kann das selbst entscheiden, hörst du, und ich weiß, was ich will.

Vielleicht geht es ja nicht nur um das, was du willst, sagte Hubert.

Aber du liebst mich, sagte ich, erstaunt, dass ich das nun wusste.

Ana, sagte Hubert.

Was, Ana, sagte ich. Wie kannst du, ich schluckte meine zornigen Tränen weg, wie kannst du so tun, als ob es nicht so wäre.

Selbst wenn es so wäre, sagte er, darum geht es nicht.

Wieso wäre?

Es hatte mir Angst gemacht, mir vorzustellen, wie ich ihn küssen sollte, aber ich fand seinen Mund und der war mir vertraut, wie ging das. In einem Triumph wusste ich, dass ich recht gehabt hatte.

Es ist zu kompliziert, sagte Hubert. Sein Atem war in meinem Gesicht und das dunkle Grau in seinen Augen war so nah, wie hätte ich glauben können, was er sagte.

Was denn, sagte ich, er küsste mich wie gegen einen Widerstand, was ist denn so kompliziert?

Du bist so jung.

Ich musste lachen, weil es wie ein Vorwurf klang.

Ich bin fast doppelt so alt wie du, sagte er.

Das macht mir nichts, sagte ich, und das stimmt ja auch gar nicht, da gehen dir wenigstens drei Jahre ab.

Ana, sagte Hubert, ich meine das ernst.

Ich auch, sagte ich.

Ich kenne dich, seit du ein Kind warst, fast ein Baby, sagte Hubert.

Ich war vier, protestierte ich, oder fünf. Und ich war zehn, als du gegangen bist. Ich kenne dich also fast mein ganzes Leben, wieso ist das kompliziert?

Deswegen, sagte Hubert und schob mich von sich weg. Wenn ich an dich gedacht habe, früher, und in den Jahren seit damals –

Du hast an mich gedacht?

Manchmal, sagte er.

Wie, fragte ich, wie hast du an mich gedacht?

Wie an eine kleine Schwester. Aber das hier, sagte er, das ist etwas anderes, das geht nicht, und das soll auch gar nicht sein.

Und später, wieso hast du später an mich gedacht?

Du bist nie mehr ins Institut gekommen. Auch wenn dein Vater und ich nicht mehr miteinander geredet haben, habe ich gewusst, wie sehr du ihm fehlst.

Wirklich, sagte ich, habe ich das.

Das musst du doch wissen, sagte Hubert, ich schüttelte den Kopf.

Was ist jetzt?, fragte er, sein Atem streifte mein Gesicht.

Nichts, sagte ich, ich mag nicht über den Vater reden.

Aber das müssen wir, sagte er.

Warum?

Du bist Richards Tochter.

. . . . .

Diesen Sommer habe ich Friedrich nachgegeben und bin mit ihm weggefahren. Kein Badeurlaub, habe ich gesagt, keine Städte, nichts, wo ich nicht innerhalb weniger Stunden daheim sein kann. Ich habe alles abgelehnt, fahr besser allein, habe ich gesagt, bis er gesagt hat, Südtirol. Ich habe gelacht, Südtirol, aber Südtirol ist es geworden.

Ich will ein Einzelzimmer, habe ich zu Friedrich gesagt, als wir am ersten Tag in einem Dorf geblieben sind, ich muss allein sein. Es gab aber nur noch ein Doppelzimmer, willst du weiterfahren?, hat Friedrich gesagt, ich habe gesehen, dass er von der Fahrt müde war. Um die Zeit isch es schwierig, hat der Wirt gesagt, also haben wir das Doppelzimmer genommen.

Willst du noch etwas essen?, hat mich Friedrich gefragt, aber ich bin nicht mehr nachgekommen in die Zirbenstube. Ich bin in dem dunklen Zimmer am offenen Fenster gesessen, als er dann zurückkam, tat ich, als schliefe ich. Er kramte nach seinen Sachen, ich hörte, wie er sich auszog, die Zähne putzte, er setzte sich auf das Bett, das unter ihm nachgab, eine Zeit verging, bis er sich niederlegte. Vierzehn Tage mit Friedrich in Südtirol, wieso hatte ich gedacht, dass das gehen könnte.

Aber als ich am nächsten Morgen aufwachte, waren Zwetschkenbäume vor dem Fenster, die Sonne schien durch die grünen Blätter und die Luft war noch kühl. Morgens kühle Luft, so war es gewesen, als ich ein Kind gewesen war. Friedrich war schon aufgestanden, gut geschlafen?, fragte er. Als ich dann zum Frühstück hinunterging, war da Marillenmarmelade in kleinen Schälchen. Man muss mit der Sonne hinaus, hatte der Vater gesagt.

Berge, Weingärten, Wiesen, endloses Grün, sich in die Ferne, in die Weite, in die Tiefe stürzend. Zitronen und Orangen am Spalier, Häuserzeilen an engen Straßen und Butzenscheiben in Weinstuben, Etschundeisack, Alto Adige, das hat mich entzückt. Nebeneinander zwei Sprachen, die fremde verstand ich besser.

Als wir am Abend des ersten Tages in die Pension zurückgekommen sind, hat der Wirt gesagt, es wäre ein Zimmer freigeworden. Nein, habe ich gesagt, das passt schon so. Rotweißkarierte Tuchentberge am Abend, und vor dem Fenster Zwetschkenbäume, Apfelbäume, Nussbäume. Was sind dir die liebsten Bäume?, habe ich Friedrich gefragt und er hat darüber nachgedacht, ernsthaft, weil er über jede Frage ernsthaft nachdenkt.

Manchmal musste ich alleine sein, plötzlich. Als würde er es schon vor mir wissen, hat Friedrich dann vielleicht gesagt, ich lauf ein bisschen herum, ich setz mich ein wenig in die Kirche, ich möchte mir das Kloster noch einmal anschauen, passt das für dich? Dann bin ich in die andere Richtung gelaufen oder zu einem Fluss, unter Bäume, bis ich wieder ruhig war. Danach habe ich ihn gefunden, in einer Kirche vielleicht, er saß in Holzbänken, die knarrten, vor goldenen Altären und rauchgeschwärzten Bildern, in denen das Rot im Dämmerlicht, das in der Kirche war, leuchtete, oder in einem Heimatmuseum vor einer Vitrine. Als wäre ich die ganze Zeit dagewesen, sagte er, hast du gewusst, dass, ist es nicht unglaublich, jetzt schau dir das an. Oder er saß in einem Gastgarten unter Kastanien, ein Buch in der Hand, aber er sah auf die Berge, in ein Tal hinunter. Die Freude, die in seinem Gesicht war.

Wenn wir in die Täler fuhren, das Grödnertal, das Pustertal, das Passeiertal, wenn wir die Flüsse entlang fuhren und auf die Berge hinauf, hatte ich die Oberhoheit über die Gegend. Ich erklärte sie ihm, als würde er nichts sehen, wenn ich es ihm nicht sagte. Nachts hatte es vielleicht geregnet, in der Früh hingen dann Wolken schwer über den Tälern, legten sich an die Bergflanken, Lindwürmer, sagte ich, ein Wolkenlindwurm, Wolkendrachen, schau. Da oben, eine Burg, sagte ich, eine Kapelle, ein Dorf, Landschaft ohne Menschen und plötzlich ein Gehöft. Wie das Wasser schäumt, siehst du, die Etsch, der Eisack, die Rienz, lieblich, sagte ich, das ist eine liebliche Landschaft. Oder eine herbe, hier ist es eher herb und düster, verschlossen. Was für Menschen wohnen hier, was denkst du?

Ein kleiner Mönch lachte auf einer Schaukel. Das Herz ist mir übergeschwappt in Südtirol. Ich habe nicht mehr gewusst, wie es ist, wenn einem das Herz überschwappt. Weil da Berge waren, blaue Berge und grüne Wiesen und Mönche auf Schaukeln, weil es kühl war in kleinen romanischen Kirchen. Eine andere Stille war draußen, Sommerstille, in der die Bienen summten und die Käfer im Gras krabbelten, und am Abend war die Stille unter den Bäumen, und immer war ein Rascheln, ein dunkelgrünes, und ein blaues Rauschen in einem Licht, in einem Schatten. Und Friedrich war mir wie ein Freund und ein Geliebter. Ich muss mir gedacht haben, dass es vielleicht doch möglich ist, eine Freundin zu sein und eine Geliebte.

Die Friedhöfe in Südtirol, aus Steinen gefügte Mauern, weißgekalkt, schmiedeeiserne Kreuze und blutrote Rosen, die in Büscheln schwer sich über die Gräber neigen.

Mein Großvater, sagte Friedrich, war im Ersten Weltkrieg an der Südfront, im zweiten in Russland. Dort hat er sein Bein verloren, das hat ihm das Leben gerettet. Das Lachen hat er aber schon im ersten Krieg verloren. Die Großmutter hat immer gesagt, er hat das Lachen im Krieg gelassen. Das Leben hat ihn nicht mehr gefreut. Weil ich muss, hat er gesagt, lebe ich es bis zum Ende.

Bist du einsam gewesen als Kind?

Eine Zeit lang, aber dann sind ja die Brüder da gewesen.

Wo war dein Großvater stationiert?

Görz, sagte Friedrich, Gorizia.

Möchtest du dorthin fahren?

Friedrich dachte nach, nein, sagte er, vielleicht ein anderes Mal. Würdest du mitkommen wollen?

Würde ich mitkommen wollen, ja, sagte ich und dachte, dass ich ihm jetzt ein Versprechen gegeben hatte. Das wollte ich doch nie mehr tun.

Über Bozen wollten wir noch ins Italienische hineinfahren. Friedrich hat das so gesagt, ins Italienische hineinfahren, aber wir sind in Italien, habe ich gesagt. Ja, hat er gesagt, deswegen möchte ich auch noch ins Italienische hineinfahren.

Einen Tag sind wir an einem See gewesen, der lag zwischen den Bergen wie ein Auge, tiefblau und kalt. Den ganzen Tag bin ich mit Friedrich am See gewesen, es war gut, bei ihm zu sein, ich habe ihn ansehen müssen, als wollte ich sehen können, wie er wirklich war. Und es war, als hätte ich ihn in dieser Nacht das erste Mal geliebt. Du, habe ich gesagt, bevor wir eingeschlafen sind, erwarte dir nicht zu viel von mir. Ich bin gut im Warten, hat er gesagt.

Am nächsten Tag sind wir in Bozen stehen geblieben. Wir sind über den Markt gegangen, ich habe seine Hand gehalten. Wir sind in einem Gastgarten gesessen, die Sonne ist in Kreisen und Ecken durch das Laubdach gefallen. Es war eine Zärtlichkeit in mir, weil ich nach Worten suchte, sah ich zum Nebentisch hinüber, da sah mich einer an, den ich kannte. Ich habe mich zurückgelehnt und Friedrichs Hand losgelassen. Anastasia, hat Hubert gesagt, dass ich dich hier wiedersehe. Das ist Hubert, habe ich zu Friedrich gesagt, ich kenne ihn von früher. Wollt ihr euch nicht zu uns setzen?, hat Hubert gesagt.

Nach zwei Stunden sind wir wieder aufgestanden, es war keine Zärtlichkeit mehr in mir und auch sonst nichts. Bring mich zum Bahnhof, habe ich gesagt, ich fahre nach Hause.

Wir haben noch zwei Tage, hat Friedrich gesagt.

Ich kann mir auch ein Taxi nehmen.

Schließlich hat mich Friedrich nach Hause gefahren, von Bozen nach Wien. Mir ist, als hätte ich sieben Stunden lang die Luft angehalten. Als er mich in der Nacht vor meiner Wohnung abgesetzt hat, habe ich ihn schon fast ausgelöscht gehabt. Ruf mich nicht an, habe ich gesagt, ruf mich nie wieder an. Und als er protestieren wollte, mich zurückhalten wollte, habe ich ihm die Hand weggeschlagen. Ich habe dir gesagt, du sollst dir nichts von mir erwarten, ruf mich nicht mehr an.

Mir Hubert wegficken, mir meine Zärtlichkeit für Friedrich wegficken, mich bewusstlos ficken, weil ich mich anders nicht ertrug, das ist es, was ich getan habe. Als ich Friedrich wieder gesehen habe, das war erst gegen Ende des Sommers, da wollte ich, dass es so war, als hätte es Südtirol nie gegeben.

. . . . .

Vielleicht bin ich für Hubert immer das gewesen, immer zuerst Richards Tochter. Vielleicht hätte ich verstehen müssen, dass ich für ihn am Anfang und am Ende letztlich immer Richards Tochter war. Vielleicht, auch das scheint mir möglich, hat er mich vor allem deshalb geliebt.

Was hat mein Vater mit uns zu tun?, fragte ich.

Er würde es nicht wollen, sagte Hubert, und vielleicht hat er damit auch recht.

Womit recht, rief ich verzweifelt, womit soll mein Vater recht haben? Es hat doch nicht mein Vater zu bestimmen, mit wem ich zusammen sein will.

Es ist umgekehrt, andersherum, nicht, mit wem du zusammen sein willst, das ist ja nicht die Frage.

Auf der nächtlichen Straße fuhren Buben mit ihren Fahrrädern, über Perlarmbänder gebeugt saßen Mädchen zusammen und kicherten, und vor dem kleinen Laden am Eck lag ein Hund und streckte sich, gähnte, dass ich seine rosa Zunge sehen konnte. Ach, sagte ich, und was ist die Frage?

Ich bin nicht gut für dich, sagte Hubert, nicht gut genug, oder nicht richtig. Das würde jedenfalls dein Vater sagen. Es wäre einfacher, sagte er, wenn du nicht Richards Tochter wärst.

Da musste ich lachen, weil ich gewonnen hatte. Du bist ein Feigling, sagte ich und küsste ihn, wild und ungeschickt. Ich will mit dir zusammen sein, sagte ich, atemlos plötzlich, ganz.

Ana, sagte er, du –

Ich will jetzt nicht vernünftig sein, sagte ich.

Ach, vernünftig. Nur damit ich es nicht falsch verstehe, er schob mich ein wenig von sich weg, du willst mit mir schlafen.

Ja, sagte ich und reckte ihm mein Kinn entgegen, ist das schlimm?

Nicht schlimm, sagte er. Aber du tust jetzt abgebrühter als du bist. Als wäre ich ein dummes Ding, so sah er mich an. Du hast noch mit keinem Mann geschlafen, sagte er, freundlich, das machte mich zornig.

Nein, sagte ich und starrte ihn böse an. Als müsste ich dich zu etwas überreden, was du nicht willst, sagte ich und wollte mich von ihm wegdrehen.

Er ließ mich nicht los. Nein, sagte er, das tust du nicht.

Als müsste ich dich zwingen.

Nein, sagte er, das tust du nicht.

. . . . .

Willst du mir nicht sagen, was mit Hubert gewesen ist, hat mich Friedrich gefragt, als er angerufen hat im Juli, im August.

Es hat nichts mit Hubert zu tun, habe ich gesagt, nicht wirklich.

Das glaube ich dir nicht.

Glaub es oder glaub es nicht, es ist auch ganz gleichgültig.

Am Ende des Sommers sind wir aber doch wieder zusammengekommen. Weil ich zu Bewusstsein gekommen bin vielleicht. Weil sein Beharren mich müde gemacht hat, weil ich einsam war. Wieso willst du mich sehen?, habe ich gefragt, als er wieder angerufen hat. Es wird dir weh tun.

Lass das meine Sache sein, hat er gesagt.

. . . . .

Als könnte man das, eine Zeit oder ein Leben vermessen. Die vielen Schichten, die in der Zeit sind. Das Mädchen, das ich war, Tage und Nächte, die sich aneinanderreihten, immer noch die Geografie der Stadt, wie die Sonne über den Stein strich, wie sie Schatten warf am Morgen, am Mittag, am Abend, wie aus Ritzen Blumen wuchsen, wie Eidechsen im Zickzack flohen, flimmernde Luft zwischen Zypressen. Und die andere Geografie der Nächte. Sätze, Gesten, Berührungen, Huberts Bewegungen, wie ich nichts wollte als ihn, wenn ich bei ihm war.

Es gibt nur Annäherungen, hat Jan gesagt, als ich mit ihm das erste Mal im Hanghaus war, die Unschärfe ist Bestandteil des Vermessenen. Und manchmal verschwindet das, was wir vermessen wollen, in einem grauen Meer von Punkten und entzieht sich der Vermessung. Über Bruchstücke nähern wir uns dem Ganzen, eine Tonscherbe, eine Säule, ein Mauerrest. Die Erinnerung an ein Wort, ist es denn so gefallen, mit welcher Färbung in der Stimme und mit welcher Geste? Eine Berührung, frühes Licht, das durch ein Fenster fällt, und wie ein Geliebter Licht und Schatten hat in seinem Leib, das ist doch einmal Wirklichkeit gewesen. Aber die Wirklichkeit ist nur eine Annäherung an etwas, das wir glauben wollen. Und die Erzählung eine Vermutung.

. . . . .

In der Kühle der purpurnen Nacht bin ich mit dem Vater aufgebrochen. Ich sehnte mich nach Hubert, dass ich dem Vater sagen könnte, dass ich glücklich war und warum. Die Farben des Morgenmeeres waren am Himmel, ringsum lagen wie im Dunst die Berge. Als ich mit dem Vater auf dem Bülbüldag war, dem Nachtigallenberg, habe ich gesehen, wie die Welt sich neu gebar im frühen Licht. Das war das letzte Mal, dass ich mit dem Vater so war, einen Tag lang nur mit ihm, vom Morgen bis zum Abend. Ich habe seine Einsamkeit gesehen, und dass er sterben würde. Dass ich ihn verraten hatte, auch das habe ich gewusst. Aber ich konnte mir nicht vorstellen, wie sollte es anders sein können.

Einmal im Jahr, hat der Vater gesagt, wenn ich in Ephesos bin, wenigstens einmal im Jahr gehe ich auf den Berg. Du musst im Frühling kommen, hat der Vater gesagt. Wenn alles blüht, der Mastixstrauch, zarte rote Blüten, Artemis hat sich mit seinen Zweigen bekränzt. Die Zistroste, die Baumheide, die Myrte, die heilige Pflanze der Aphrodite, wie das blüht. Der Ginster blüht, gelb, und Thymian, Salbei, Rosmarin und Lavendel, kannst du dir vorstellen, wie das duftet. Vielleicht siehst du die Anemonen noch blühen, die Tränen der Aphrodite über den Tod des Adonis, den Klatschmohn und Asphodelus, du erinnerst dich an die Asphodelusfelder? Nächstes Jahr im Frühling, sagte der Vater, nächstes Jahr sind wir wieder hier.

Man heiratet nicht aus Jux und Tollerei, hat der Vater gesagt, als ich ihn gefragt habe, warum er Ilse nicht heiraten will. Sie würde Ja sagen, habe ich gesagt, ich bin sicher. Ihr passt gut zusammen, sie würde sich freuen.

Ich habe deine Mutter geheiratet, hat der Vater gesagt. Man heiratet nicht, weil sich jemand darüber freuen würde. Ich habe deine Mutter geheiratet.

Warum hast du mich nicht gewollt? Ich wäre so gerne bei dir gewesen.

Wärst du das, hat der Vater gesagt, das habe ich nicht gewusst.

Aber das musst du gewusst haben.

Du warst bei deiner Mutter besser aufgehoben.

Wie willst du das wissen, wollte ich sagen, aber weil der Vater schwer atmete und weil es jetzt auch zu spät war, ließ ich es sein.

Später, da war es schon Nachmittag, den Mittag hatte ich dösend im Schatten der Stadtmauer verbracht, war der Vater ein Stück der Mauer abgegangen. Sensationell, hat er gesagt, was Werner entdeckt hat, Durchlass für einen Aquädukt, sieh mal, Abarbeitungen am Felsen innerhalb und außerhalb der Stadt, das ist nicht nachträglich hineingebaut. Wasser für die Stadt, dachte ich, es war Ende August und das Land war ausgedörrt, sprudelndes kühles Wasser. Da sagte der Vater, einfach so und ohne mich anzusehen, jetzt habe ich dich ja wieder.

. . . . .

Ich bin im nächsten Frühling nicht in Ephesos gewesen. Ich bin überhaupt nie wieder in den Süden gefahren, nicht weiter südlich als Florenz. Alles, was weiter südlich als Florenz lag, hat mir das Herz abgewürgt. Einmal, nach meinem ersten Studienjahr, bin ich nach Rom gefahren, mit einem Mann, der sagte, er liebe mich. Ich schlief mit ihm, er muss ja nicht wissen, dachte ich, dass das ganz gleichgültig ist. Das Licht, das in Rom war, schmerzte mich.

Dass ich zum Vater wollte, das weiß ich noch. Ich

hatte den Vater nicht gesehen, seit einem Jahr nichts von ihm gehört. Ruf mich zurück, sagte ich auf seinen Anrufbeantworter, bitte. Es ist, weil, sagte ich auf seinen Anrufbeantworter, ich weiß nicht, wie ich weiterleben soll, bitte, sagte ich, bitte ruf mich zurück. Er hat nicht zurückgerufen, nicht in dieser Nacht, nicht am nächsten Tag, nicht an irgendeinem der Tage, die dann kamen.

. . . . .

Am Abend sind wir vom Bülbüldag zurückgefahren, in blauen Schatten. Ich war müde, aber mein Kopf war leicht. Wir waren schon fast wieder in Selçuk, da hat mich der Vater gefragt, sein Blick war auf der Straße, was ist das mit Hubert und dir?

Was soll sein?

Da ist doch was, hat der Vater gesagt, die Leute reden.

Was reden die Leute?, fuhr ich auf. Seit wann kümmerst du dich darum, was die Leute reden.

Ich will wissen, ob es stimmt, was sie reden.

Weil ich so erschrocken war, so überrascht auch, weil da eine Schärfe war, die ich nicht ertrug, als hätte er mich geschlagen, also sagte ich, sehr zornig, wir reden, das weißt du, willst du mir das jetzt verbieten, ist das ein Verbrechen? Ich darf doch reden, mit wem ich will. Oder bestimmen das jetzt die Leute?

Ist ja gut, hat der Vater gesagt.

Ich dachte, du vertraust mir.

Das tu ich, sagte der Vater, jetzt sah er mich an, das tu ich.

. . . . .

Die Musen, hat mir der Vater erzählt, als ich ein Kind war, die Musen haben im Gewand von Bienen die Kolonisten vom griechischen Mutterland nach Ionien begleitet. Auf ihrem Kleid, siehst du, hat er gesagt und mir Detailaufnahmen der Artemisstatue gezeigt, marmorweiß, auf ihrem Kleid ist auch die Biene dargestellt, als Symbol des Lebens, der göttlichen Fruchtbarkeit. Aber, er wiegte den Kopf, ihr Stachel, sagte er, bringt den Tod. Weißt du noch, was man den Toten für den Höllenhund Kerberos mitgegeben hat? Honigkuchen, sagte ich.

Immer ist die Göttin vieles, hat der Vater gesagt. Immer ist sie das Eine und das Andere, das Eine und sein Gegenteil. Kraft und Mut des Löwen, seine Treue, seine Wachsamkeit, die Wildheit und dämonische Kraft des Panthers und Fleiß und Süße der Biene, die den Tod bringt. Der Begleiter der Göttin ist der Damhirsch, sein weißgeflecktes Fell ist ein Abbild des Sternenhimmels, und Artemis ist die Mondgöttin, sanft und blutigrot. Sie kommt von weither, sagte der Vater, viel älter noch als die Ionier war der Kult der ephesischen Artemis.

Pausanias, sagte ich, das hat Pausanias gesagt.

Lygdamis zerstörte um die Mitte des 7. Jahrhunderts ihr Heiligtum mit einem Heer pferdemelkender kimmerischer Männer.

Kallimachos, sagte ich, so steht das bei Kallimachos. Pferdemelkende kimmerische Männer, die den Tempel der Göttin zerstörten. Oder war es Artemis, die die Zerstörung ihres Heiligtums durch die wilden kimmerischen Männer verhinderte? Was war die Wahrheit? Und wie hatte ich mir pferdemelkende kimmerische Männer vorzustellen?

Der Megabyzos, sagte der Vater, ein hochrangiger Priester. Er zeigte mir das Bild einer Elfenbeinfigur, die sah aus wie die Chinesen in meinen Bilderbüchern. Kein Chinese, der Vater lächelte, Priester und Generaldirektor der Bank von Ephesos. Eine Zeit lang glaubte man, das wäre ein Eunuchenpriester.

Ich dachte mir die Eunuchen als eines dieser Völker, die kamen und gingen, über die Steppe brausend, pferdemelkend vielleicht und wild, mit einem seltsam sanften Priester. Dass dieser sanfte Chinese der Kybele zugeordnet wurde, Kybele vielleicht war, die doch mit Löwengespannen über die Berge und durch die Wälder zog, das wollte ich nicht glauben.

Die Alte Priesterin, sagte der Vater und zeigte auf ein anderes Bild.

Ich mochte es, wie das Elfenbein schimmerte, die Augen der Priesterin schienen mir nach oben gekehrt, anders als andere sah sie mich nicht an. In breiten, langen Strähnen fiel ihr das Haar über die Schultern, in ihren Händen hielt sie je einen Falken. Auch der

Falke, sagte der Vater, gehört zu den heiligen Tieren der Artemis. Der Schmuck der Göttin, sagte er. Goldappliken, siehst du. Kleine goldene Plättchen, wie Sterne, wie Taler, wie Blüten, in deren Mitte vielleicht eine Biene das Süße saugte, Tropfen wie Tränen. Das hölzerne Bild der Göttin, sagte er, das weißt du, das Xoanon, wurde gewaschen, gesalbt, gespeist, bekleidet, wechselnd mit den Abschnitten eines Jahres vielleicht, eines Mondjahres. Was du bei der Schönen Artemis, der Großen Artemis siehst, ist die Nachbildung ihres Gewandes auf der Höhe ihres Ruhms, die Göttin in ihrer vollen Pracht.

Goldüberstrahlt neigte sich die Göttin in meinen Träumen mir zu. Sie lächelte in ferner Größe, ihr dunkles Lächeln, von dem ich nie wusste, ob es mir galt oder einer anderen, als lächelte sie und lächelte nicht, beides in einem.

Eine weibliche Goldstatue, sagte der Vater, die Göttin oder eine Priesterin.

Ihre Brüste waren wie runde Kapseln, Knospen, Knöpfe, Mädchenbrüste fast. Als sich später mein Körper geändert hat, die Brust noch unentschieden sich formend, da habe ich an die Göttin gedacht, unter deren Schutz ich stand. Noch später dachte ich an den Schmerz der Berührung, nach dem ich verlangte.

. . . . .

Wir saßen unter den Eukalyptusbäumen im Artemision, die anderen waren schon zurück ins Grabungshaus gefahren. Hubert war noch im Peripteros auf- und abgegangen. Dann hatte er sich neben mich auf den Boden fallen lassen, ich weiß, dass da noch etwas ist, hatte er gesagt. Er sah müde aus, ein wenig wie erloschen.

Bist du nicht zufrieden mit dem, was ihr bis jetzt gefunden habt?, fragte ich. Das ist doch sensationell, oder nicht, der Ringhallentempel, der Hortfund, doch, sagte er, natürlich, es ist nicht, dass ich nicht zufrieden wäre, was dann, er zuckte die Schultern.

Es ist nicht mein Verdienst, sagte er schließlich. Ich habe das Projekt nur übernommen, es ist die Planung deines Vaters gewesen, es ist seine Arbeit, ich schließe sie nur ab, ich bin ausübende Hilfskraft, es ist nicht mein Verdienst.

Wir sahen auf die Löcher, die in die Erde gerissen waren, das Licht fiel durch die spitzen, länglichen Blätter, eine Schar Gänse watschelte vorbei.

Warum bist du so eklig gewesen in den ersten Wochen, warum, wenn du mit mir sein wolltest? Und wieso, sagte ich, noch bevor er antworten konnte und weil ich das schnell fragen musste, wieso hast du, du hast doch mit all diesen Frauen geschlafen, oder nicht, mit denen du weggegangen bist, die du in dein Zimmer mitgenommen hast, oder nicht.

Nein, sagte Hubert, er sah mich nicht an, nicht mit allen.

Wieso?, habe ich gefragt, wenn du mich gewollt hast.

Weil ich dich nicht haben konnte, sagte Hubert.

Das verstehe ich nicht, habe ich gesagt.

Nein, hat Hubert gesagt. Es gibt da auch nichts zu verstehen.

Er ist aufgestanden und ist gegangen und er hat nicht gewartet, ob ich ihm nachkomme.

Am Abend, noch vor dem Abendessen, gab es eine Besprechung der Projektleiter im Büro des Grabungshauses. Du gefährdest, schrie mein Vater und es hallte durch das offene Fenster über den Hof, du gefährdest die Seriosität dieser Ausgrabung. Du gefährdest die Arbeit der anderen Teams, wenn du Arbeiter abziehst, weil du Sondagen machst, aus Jux und Tollerei! Huberts Stimme, leiser, stratigrafische Befunde, schrie der Vater, komm mir nicht mit stratigrafischen Befunden, ich kenne die Befunde. Du gräbst ohne Sinn und Verstand Löcher in den Boden, schrie mein Vater. Siehst du das nicht, Hans? Eine Sondage nach der anderen, aber nicht da, wo er sie machen sollte.

Lies dir die Berichte durch, sagte Hubert, sehr laut jetzt, es gibt eine ältere Schicht unter dem Peripteros. Wir können ja schlecht den Ringtempel abtragen. Natürlich machen wir Sondagen, wo es uns sinnvoll erscheint.

Sinnvoll, schrie der Vater, aus Jux und Tollerei gräbst du Löcher in den Boden. Wie der erstbeste Schatzgräber! Wir graben da, sagte Hubert, wo ich vermute, weiter kam er nicht, was vermutest du?, schrie der Vater, wieso gräbst du in diesem Eck? Du müsstest hier und hier graben, jeder Anfänger könnte dir das sagen. Du vergeudest Zeit und Geld und menschliche Ressourcen, damit muss ein Ende sein, das sag ich dir. Hör auf mit dieser sinnlosen Löchergraberei.

Du hast mir aber nichts zu sagen, sagte Hubert, seine Stimme war eisig. Ich mache das in meiner Verantwortung, sagte er, und du, du bist nicht mein Zurseitensteher, hast du das nicht so gesagt? Du bist nicht mein Zurseitensteher, also misch dich nicht ein, solange ich die Ausgrabung leite.

Der Vater schrie auf, etwas polterte, Richard, sagte der Grabungsleiter, es ist genug, Richard. Als hätte ich hören können, wie der Vater die Luft einsog, so still war es dann. Hubert hat, sagte Hans, seit er die Leitung übernommen hat, sein Vorgehen immer wieder mit mir besprochen. Wir haben Möglichkeiten diskutiert, die Entscheidungen habe ich guten Gewissens ihm überlassen. Er weiß, was er tut, und ich sehe keinen Grund, seine Entscheidungen plötzlich anzuzweifeln. Du, Richard, hast ihm die Diskussion verweigert. Wenn also hier jemand unprofessionell war, Richard, es tut mir leid, das sagen zu müssen, dann warst das du.

Wieder eine schrecklich laute Stille, dann setzte ein allgemeines Murmeln ein, der Vater lachte höhnisch, die Versammlung schien sich aufzulösen. Der Vater kam als Erster aus dem Büro. In Huberts Augen war ein Glimmen, als er später den Speisesaal betrat, das mir unerträglich war.

Dieser Mensch, sagte der Vater beim Essen, als könnte er mit seinen Worten Hubert aufspießen, dieser Mensch. Lächerlich, sagte der Vater, etwas verzog sein Gesicht. Auch schon die Grabungsleitung eingewickelt, Betrüger, schnaufte der Vater, Blender. Wo ist denn sein Eigenes? Löcher graben ohne Sinn und Verstand, wer ist hier unprofessionell? Ich hätte es wissen müssen, ganz am Anfang hätte ich es wissen müssen. Stattdessen habe ich ihn in mein Haus gelassen, über Leichen, hörst du, was ich sage, das sagte er zu Ilse oder zu mir, er geht über Leichen, um sich zu profilieren.

Sein Messer blitzte. Ich sah Hubert, wie er sehr aufrecht saß, ein Glimmen in den Augen und ein Lächeln, das ihn nicht schön machte.

Dieser Mensch, schnaufte der Vater, so kommt er mir nicht durch.

Hör jetzt auf damit, sagte ich. Das Besteck klirrte, als ich es hart auf den Teller legte. Noch einmal, leiser, zum Teller hin, sagte ich, hör jetzt auf damit, bitte, als presste jemand mit beiden Händen meine Schläfen zusammen und drückte mir, schwer, das Genick hinunter. Was mich in der Kehle würgte, schluckte ich hinunter, dann aß ich, als hätte ich nichts gesagt, was auf dem Teller war, und dann stand ich auf und ging hinaus.

Auf dem Weg ins Hotel holte mich Hubert ein. Ana, sagte er, hör zu.

Lass mich in Ruhe, sagte ich, lass mich einfach in Ruh, ich ertrage euch alle zwei nicht.

Am nächsten Tag, das war ein Dienstag, habe ich im Hotel gefrühstückt. Niemanden sehen müssen, nicht den Vater, nicht Hubert, nicht Ilse, die abwechselnd den Vater und mich besorgt angesehen hätte, keinen von den andern, denen ich an der Stirn ablesen konnte, was sie dachten: Hat sie oder hat sie nicht etwas mit Hubert laufen und weiß es ihr Vater oder weiß er es nicht und wer wird es ihm schließlich sagen, das Glitzern in den Augen der anderen. Also fuhr ich an den Strand, schließlich hatte ich Ferien. Das Meer warf sich ans Land und ich lag unter Palmen. Weil ich es nicht ertrug, bin ich dann doch in die Stadt gefahren, ich bin mit den Touristenströmen über den Staatsmarkt gegangen, durch die Kuretenstraße, die Sonne stach und der Stein blendete mich. Ich wusste nicht, wie ich zum Vater gehen konnte und was ich ihm sagen sollte. Dann stand er vor mir, vielleicht hatte er mich von oben gesehen oder er war zufällig vorbeigekommen.

Anastasía, sagte er, es klang streng. Er hob mir das Kinn, also musste ich ihn ansehen, geht's dir nicht gut?

Nein, sagte ich, nicht so gut.

Er ließ mein Kinn fallen, es tut mir leid, sagte er, dass ich mich so vergessen habe gestern, dass es mir so entglitten ist.

Dann standen wir noch eine Weile so, bis er sagte, ich muss wieder hinauf. Fährst du mit uns zurück? Ich nickte und setzte mich in einen Schatten. Dort wartete ich, bis ich in den Bus einsteigen konnte.

Ich esse im Hotel eine Kleinigkeit, sagte ich, als ich im Grabungshaus ausstieg, wartet nicht beim Abendessen auf mich.

Ruh dich aus, sagte der Vater.

Auf der Straße kam mir der Bus vom Artemision entgegen. Hubert saß am Steuer, er hob die Hand. Ich reagierte nicht.

. . . . .

Ich wollte Sie immer schon kennenlernen, hat Huberts Frau gesagt, als wir uns in Bozen an ihren Tisch setzten. Sie strich sich durch das lange dunkelblonde Haar, fingerte an ihrer schmalen Goldkette. Sind Sie auch auf Urlaub?, fragte Friedrich, nein, sagte Huberts Frau, wir leben hier. Mein Mann leitet das Museum, ich habe eine Anwaltskanzlei, wie lange sind wir schon hier, Hubert?, fragte sie. Es müssen schon zehn Jahre sein, unser zweiter Sohn ist hier geboren, das verbindet einen mit dem Land. Ich komme aus Kärnten, sagte sie, vielleicht hört man das noch, und Hubert ist Wiener, aber unsere Kinder, sie lachte, was sind unsere Kinder, Hubert? Südtiroler, Italiener, doch Österreicher auch. Ich bin gerne hier, sagte Huberts Frau. Friedrich fragte nach den Kindern, zwei Buben, sagte sie, zwölf und zehn. Max wird im September zehn, und Gregor ist Ende Juli zwölf geworden.

Zwölf, sagte ich, etwas tanzte in meinem Kopf, zwölf und zehn, schön.

Die Buben sehen ihrem Vater sehr ähnlich, Huberts Frau strahlte, und sie haben auch seine Leidenschaft für die Archäologie, der Ältere jedenfalls. Max können im Moment nur Pferde wirklich begeistern. In den Ferien sind sie immer ein paar Wochen bei den Großeltern in Kärnten, die haben ein Gestüt. Morgen fahren wir übrigens nach Kärnten, ist das nicht ein Zufall, dass wir uns noch getroffen haben? Morgen wären Sie nicht mehr hier und wir wären auch schon weg.

Ja, sagte ich, so ein Zufall.

Der Kellner kam, wir versenkten uns in die Speisekarten. Wenn Sie hier in der Gegend sind, sagte Huberts Frau, da müssen Sie unbedingt einen Abstecher ins Sarntal machen, oder nach Jenesien. Waren Sie auf dem Ritten?

Wir wollten noch ins Italienische hineinfahren, sagte Friedrich, aber vielleicht, er sah mich an, was meinst du?

Du bist also Direktor, sagte ich zu Hubert, Museumsdirektor, schau an.

Hubert räusperte sich. Er war älter geworden, er hatte graue Haare an den Schläfen, nicht viele, aber doch, und in seinen Augen war etwas Müdes. Früher hätte mich das geschmerzt.

Im Südtiroler Archäologiemuseum, sagte er, das hat sich so ergeben.

So, sagte ich, hat sich das so ergeben. Dann betreust du ja jetzt wohl den Ötzi, richtig.

Ja, sagte Hubert. Er räusperte sich wieder. Die Mumie ist die Hauptattraktion des Museums. Wir haben aber, und das ist für mich der eigentliche Schwerpunkt des Museums, selbstverständlich reiche Funde aus der Geschichte Südtirols, und die verweisen auf eine Einbindung in eine größere Welt, das ist ein Kosmos, der sich auftut, der über die Region hier hinausgeht. Das ist nicht unähnlich dem, er zögerte, wie es in Ephesos war. Natürlich ganz anders und in einem viel kleineren Rahmen, aber es ist etwas, das mir gefällt an diesem Museum. Ich kann dich gerne, wenn du, er sah auf die Uhr, wenn ihr euch das Museum anschauen wollt.

Das ist sehr freundlich, sagte Friedrich, aber wir fahren heute noch weiter.

Wie kommt es, dass du hier gelandet bist? Ich lachte. Wolltest du nicht Karriere machen in Ephesos, was ist passiert? In Huberts Augen flackerte etwas, ich lehnte mich zurück. Weißt du, sagte ich zu Friedrich, Hubert war einmal so etwas wie ein Wunderkind der Archäologie. Das warst du doch, ein Hoffnungsträger, hat mein Vater gesagt, und ehrgeizig, das warst du, Hubert, oder nicht, ehrgeizig. Dass du jetzt hier gelandet bist, ich schüttelte den Kopf.

Täuschen Sie sich nicht, sagte Huberts Frau. Das ist hier kein Provinzmuseum, und Hubert hat sich noch weiter bemüht, das Museum zu öffnen, Kontakte zu knüpfen. Nächstes Jahr findet in Bozen der internationale Archäologenkongress statt, das ist in erster Linie Huberts Verdienst. Selbst Ihr Vater, sagte Huberts Frau, selbst Ihr Vater hat das anerkannt, das ist doch so, Hubert?

Mein Vater, sagte ich, was hast du mit meinem Vater zu tun?

Hubert zuckte die Schultern. Ich bin ihm vor ein paar Jahren begegnet, zufällig, denke ich, oder auch nicht zufällig, seitdem höre ich manchmal von ihm. Nicht viel, manchmal kommt eine Anfrage, oder er weist mich auf etwas hin, Fachliteratur. Manchmal bitte ich ihn, wenn ich bei etwas nicht recht weiterweiß, um seine Sicht der Dinge. Er hat mir Kontakte hergestellt für den Kongress, dafür bin ich ihm sehr dankbar. Aber, eine Röte zog über sein Gesicht, es ist natürlich zu viel zwischen uns gewesen, als dass wir –

Ich lachte, ich wollte etwas zu Friedrich sagen, aber dann kam das Essen und ich hörte nicht mehr gut, was die anderen redeten. Von Zeit zu Zeit muss ich wohl etwas gesagt haben, weil mir Hubert antwortete, oder Huberts Frau oder Friedrich. Architektur, sagte Hubert, das passt zu dir, und Huberts Frau erkundigte sich nach einer Ausstellung, die gerade in Wien lief.

Warst du wieder einmal dort?, fragte Hubert, er spießte ein Salatblatt auf, wo?, fragte ich, in Ephesos, da hätte ich ihm gerne ins Gesicht geschlagen.

Wir müssen weiter, sagte Friedrich, als wir auch den Kaffee getrunken hatten, natürlich, sagte Huberts Frau. Ihr Handy läutete, sie stand auf, um zu telefonieren, ich mache das, sagte Friedrich, als Hubert dem Kellner winkte. Er ging mit dem Kellner in das Restaurant hinein, wir waren alleine, Hubert und ich. Hubert trommelte einen nervösen Takt auf den Tisch, ein Gestüt, sagte ich, eine Anwaltskanzlei, Direktor, eine schöne Frau, zwei Kinder, du hast dir dein Leben gut gerettet. Ich sah Hubert an, der einmal mein Geliebter gewesen war, einen Sommer lang. Ich habe es dir gewünscht, sagte ich, weißt du das?

Hubert sah auf seine Hände, die klopften immer noch einen nervösen Takt, ich hätte weinen mögen.

Lassen wir das, Anastasia, sagte er, seine Stimme war flach. Wozu jetzt über die alten Sachen reden. Das mit uns, er schob den Tisch von sich weg, dass die Gläser leise klirrten, das hätte früher oder später sowieso aufgehört, wahrscheinlich früher als später. Das weißt du, das war, er warf, in einer Bewegung, die ich kannte, die Hände in die Luft, eine Sommergeschichte, mehr war das nicht. Es war nicht schön, wie es zu Ende gegangen ist, ich hätte es mir anders gewünscht, aber ich hatte eine Entscheidung zu treffen. Das ist nichts, worüber ich reden möchte.

Dein Sohn ist zwölf, sagte ich, im Juli zwölf geworden, warum so schnell, Hubert? Jetzt rannen Tränen über mein Gesicht.

Herrgott Ana, rief Hubert, er schlug auf den Tisch, die Gläser klirrten.

Was weißt denn du, stieß Hubert hervor, wie es mir gegangen ist, was ihr aus mir gemacht habt, dein Vater und du? Welche Frist hätte ich einhalten sollen, bis ich wieder mit einer Frau schlafe, und wozu? Du, fauchte er, du hast es dir doch gerichtet, Tochter des Professors, dass ihr mir mein Leben zerstört habt, dein Vater und du.

Ich lachte auf, zerstört, sagte ich, was habe ich dir zerstört?

Du und dein Vater, Huberts Gesicht war dunkel vor Zorn, manchmal denke ich, wenn ich euch nicht begegnet wäre, einfach nie begegnet wäre, ob nicht mein Leben ein besseres gewesen wäre.

Wir sollten dann fahren, sagte jemand hinter mir. Friedrich legte mir eine Hand auf die Schulter, es wird sonst zu spät.

Natürlich, sagte Hubert, sein Gesicht war wieder glatt, danke für die Einladung, sagte er. Wir schüttelten Hände, schön, dass ich Sie kennengelernt habe, sagte Huberts Frau, die wieder dazugetreten war, gute Weiterreise, gute Heimreise.

Bring mich zum Bahnhof, sagte ich zu Friedrich, als wir endlich auf der Straße waren.

. . . . .

Das Leben eines Gelehrten geführt, sagt der Pfarrer. Rotgolden glüht der Sarg, als glühte er von innen. Dass der Vater leise zerfällt, sein strenges Gesicht, das will ich nicht denken.

Bücher, sagt der Pfarrer, und Steine, was ist ein Gelehrtenleben, wenn nicht die Suche nach Wahrheit. Der Pfarrer blättert in dem Buch, das vor ihm liegt. Kohelet, sagt er, es muss jetzt doch wieder Kohelet sein.

Er lässt seinen Blick über die Anwesenden schweifen, das sind viele. Ältere Menschen, damit habe ich gerechnet, aber auch viele junge, viele, die jünger sind als ich. Die Grabungssaison ist gerade zu Ende gegangen, fällt mir ein, vor ein zwei Wochen sind sie zurückgekehrt aus Italien, Griechenland, der Türkei. Der Vater, denke ich, ist so gestorben, dass er die Arbeit nicht unterbricht. Das sieht ihm ähnlich, würde die Mutter sagen, selbst beim Sterben denkt er noch an seine verfluchten Ausgrabungen.

Ja, ich habe ein Höchstmaß von Weisheit erworben, sagt Kohelet, sagt der Pfarrer. Ich richtete mein Sinnen darauf, Weisheit und Wissen, Torheit und Unverstand zu durchschauen. Da erkannte ich, dass auch dies nur ein Haschen nach Wind ist. Gehört zum Gelehrtenleben der Schmerz?, fragt der Pfarrer. Und wann ist denn ein Leben gelungen?

. . . . .

Den Rest der Woche bin ich Hubert aus dem Weg gegangen, das war einfach, wenn ich nicht zum Frühstück und nicht zum Abendessen ging. Tagsüber war ich in der Stadt, der Vater schien sich zu freuen, dass ich bei ihm war. Ich möchte ein wenig allein sein, sagte ich am Abend und blieb im Hotel, mir ist das alles grad ein bisschen zu viel, sagte ich. Du gehörst hinaus, sagte der Vater, Ilse sah mich mit gerunzelter Stirn an.

Die Tage waren leer, die Nächte habe ich kaum ertragen. Ich wusste nicht, ob Hubert bei der Mauer wartete, vielleicht, dachte ich, vielleicht schläft er mit einer anderen, mit vielen anderen, mit den Studentinnen, mit den neuen, warum auch nicht. Es gibt da auch nichts zu verstehen, hatte er gesagt, und was ging es mich an, mit wem er schlief.

Und warum sollte es etwas bedeuten, in jemanden hineinfallen, in jemanden hineinstoßen, ein Fieber in der Nacht und ein Begehren. Du wirst es schon noch sehen, hatte die Mutter gesagt. Wie konnte er, das quälte mich, mit Frauen schlafen, die er nicht liebte. Die Mutter lachte leise in meinem Kopf.

Am Freitagnachmittag bin ich ins Artemision gegangen, dort bin ich eine Stunde lang unter den Olivenbäumen gesessen. Stefan und Barbara haben mir zugewinkt, Hubert kniete am östlichen Eck des Peripteros, er sah auf, er arbeitete weiter. Eine Stunde saß ich unter den Bäumen und sah den Schatten zu, die länger wurden, das Asyl der Göttin war hier gewesen, im Temenos, im heiligen Bezirk. Unter den Bäumen saß ich, eine Schar Gänse schnatterte vorbei und manchmal, wenn ich nicht hinsah, blinkte etwas in den Zweigen, im Laub, ein Glöckchen klingelte und ein Vogel schrie. Alles kann eine Votivgabe sein, hörte ich den Vater sagen. Bevor ich ging, nahm ich die Kette, die ich um den Hals trug, und flocht sie in die Zweige.

Im Grabungshaus hat der Vater gewartet, ungeduldig. Ich hatte vergessen, dass wir nach Troja fahren wollten, über Pergamon nach Troja, ein Wochenende weg vom Grabungshaus, hatte der Vater gesagt, das wird uns guttun. Beeil dich mit Packen, sagte er, viel brauchst du ja nicht, wir sind so weit.

Ich kann nicht, habe ich gesagt, ich fühl mich nicht so gut, das ist mir alles zu viel.

Das ist der Lagerkoller, sagte er. Pack jetzt, du wirst sehen, sobald wir unterwegs sind, geht es dir besser.

Ich bin in Tränen ausgebrochen, weil er mich nicht bleiben lassen wollte, da hat er mir nachgegeben, ungeduldig, enttäuscht.

Das ist doch deiner nicht würdig, hat Ilse gesagt, als ich mit ihr allein war, weil der Vater noch schnell ins Büro gegangen war.

Was meinst du?

Dass du deinen Vater belügst, denkst du, das weiß ich nicht, um mit Hubert, sie verzog das Gesicht, das ist deiner nicht würdig. Und das hat dein Vater nicht verdient.

Aber, sagte ich, das ist es nicht, und ich wusste im selben Moment, dass sie recht hatte.

Dann war ich lange im Hof der Moschee, und als dann über der Moschee der Mond aufging, silbern, da bin ich ins Grabungshaus zurückgegangen. Ich wusste, wo Huberts Zimmer war, vielleicht ist er gar nicht da, dachte ich, das Haus war so ruhig. Er hat aber die Tür geöffnet, was machst du hier?, hat er gefragt, unfreundlich, was willst du? Ich hatte keine Antwort.

Hör mal, hat er schließlich gesagt, wir wissen beide, dass es zu kompliziert ist, und du reibst dich auf zwischen deinem Vater und mir. Wozu soll das gut sein? Du solltest wieder gehen, sagte Hubert. Es ist das Beste, wir beenden das hier und jetzt, und in ein paar Wochen, du wirst sehen, ist es, als wäre nichts gewesen. In der Zeit, die du noch hier bist, wirst du nicht viel von mir sehen müssen, das lässt sich ja einrichten.

Aber das ist es nicht, sagte ich.

Wie, das ist es nicht, sagte Hubert.

Es ist nicht wegen der Sache mit dem Vater.

Weswegen dann?

Ich zuckte die Schultern. Es ist wegen der Frauen, sagte ich.

Wegen der Frauen, wiederholte Hubert.

Ja, sagte ich. Wegen der Frauen, mit denen du schläfst, einfach so.

Ana, sagte Hubert, ich unterbrach ihn.

Nein, sagte ich, lass mich das jetzt sagen. Ich holte Luft. Ich will nicht, sagte ich und mein Atem brannte mir in der Kehle, ich will nicht für dich jemand sein, der dir gleichgültig ist. Ich will nicht jemand sein, den du austauschen kannst, einfach so, und weil es egal ist und keinen Wert hat.

Hubert rührte sich nicht und sein Gesicht war mir verschlossen.

Ich liebe dich. Vielleicht weißt du das nicht, sagte ich, dann war mir der Atem weg und ich konnte nur noch flüstern, aber wenn du sagst, du willst mit den anderen Frauen sein, dann verstehe ich das auch, dann ist das eben so, dann gehe ich.

Hubert stand bewegungslos, das Haus lag still, ich nickte, weil ich etwas verstanden hatte. Ich würde also durch den Gang, die Stiegen hinunter und über den Hof gehen, die Straße hinunter und an der Mauer entlang zurück in mein Hotel, in mein Hotelzimmer. Es war nur schwierig, den ersten Schritt zu machen, aber ich hatte verstanden, was passiert war und was ich tun musste, und ich würde es auch tun, gleich. Wie Hubert in der Tür stand, das wollte ich mir noch einprägen, bewegungslos, und wie er sein Gesicht vor mir verschloss. Ich musste jetzt den ersten Schritt machen.

Du und dein Vater, sagte Hubert, ich bin euch nicht gewachsen. In seiner Stimme war etwas, aber ich konnte nicht darüber nachdenken, weil mich Hubert in das Zimmer zog, und sein Mund war auf meinem Mund, etwas Wütendes war darin, wie er mich küsste und wie seine Hände über meinen Körper fuhren.

Später, als er ruhiger war, suchte ich in seinem Gesicht sein schnelles Lächeln.

Um fünf Uhr hat der Muezzin gerufen, Hubert fuhr hoch, ich muss gehen, sagte er. Dann, als er sah, dass er in seinem Zimmer war, halb im Schlaf schon hat er mich wieder zu sich gezogen.

Als ich das nächste Mal aufgewacht bin, war es hell im Zimmer. Hubert pustete in mein Haar, ich muss hinunter, sagte er, es ist Samstag, protestierte ich, ich wusste aber nicht, sagte Hubert, dass du heute bei mir sein würdest, richtig? Ich treffe mich mit dem Team um halb neun, wir arbeiten bis halb eins, dann steh ich dir zur Verfügung.

Später bin ich hinuntergegangen und habe mir aus der Küche Tee geholt und einen Kuchen, ich habe mich auf die Terrasse in den Hof gesetzt, da war es ruhig. Die Grabungshauskatze hat sich an meinen Füßen gerieben. In der Tamariske haben Vögel gelärmt, Jan ist aus dem Büro gekommen, bist du nicht in Troja?, hat er gefragt, ich habe den Kopf geschüttelt.

Der Samstag war grün und golden und blau. Wir sind ins Land hineingefahren, golden verbrannte Hügel, Weiden dann und Schilf und Eukalyptusbäume, ein Dorf in den Bergen. Wir lagen im Schatten eines Baumes, irgendwo, in einer Mulde, wo kein Mensch war. Die Zikaden schrillten, wie sie es den ganzen Sommer getan hatten, am Himmel türmten sich hohe weiße Wolken und durch die Blätter rieselte das Licht.

Es wird Herbst, sagte Hubert. Ich stützte mich auf den Ellbogen, ja, sagte ich, woran erkennst du das?

Die Touristen werden weniger und im Grabungshaus reden sie davon, was sie tun werden, wenn sie wieder zu Hause sind.

Was wirst du tun?, fragte ich.

Hubert blinzelte ins Sonnenlicht. Dich anrufen, sagte er. Dich sehen. Mit dir ins Kino gehen. Ich freue mich darauf, mit dir ins Kino zu gehen. Vielleicht setze ich mich mit dir in eine Vorlesung und danach essen wir grauenhaft schreckliche Sachen in der Mensa. Mit dir spazieren gehen, mit dir schlafen, sagte er, immer mit dir schlafen. Seine Hände rutschten unter mein Shirt und sein Kopf glitt tiefer, jetzt nicht, sagte ich. Nein?, fragte er, in seinen Augen sprang ein Funke auf. Nein, sagte ich. Weißt du nicht, dass ich prüde bin, die Mutter, fiel mir plötzlich ein, hatte das immer gesagt, meine kleine prüde Tochter.

Prüde, sagte Hubert, so so.

Im goldenen Licht des Abends sind wir zurückgefahren. Im Grabungshaus war es still, und als dann die Nacht hereingefallen ist, war es ein langes ruhiges Lieben, als wüsste ich, wer ich war. Zärtlich war auch der nächste Tag. Morgen sage ich es dem Vater, sagte ich zu Hubert. Morgen also, sagte er.

. . . . .

Jahre nach diesem Sommer bin ich Ilse einmal begegnet, zufällig. Ich sah ihr Gesicht, wie es sich in einem Schaufenster spiegelte, und erschrak. Das Gesicht im Fenster sagte meinen Namen, als ich mich umdrehte, erkannte ich sie. Sie muss mein Erschrecken gesehen haben, den leisen Ekel vielleicht. Magst du auf einen Kaffee gehen?, sagte ich. Hatte sie meinen Widerwillen gespürt oder wollte sie diese zufällige Begegnung so wenig wie ich? Nein, sagte sie, ich muss noch wo hin.

Was machst du so?, fragte sie nach einem Schweigen. Architektur, sagte ich, schön, sagte Ilse, anspruchsvoll. Ich muss weiter, sagte Ilse. Wie geht es dem Vater?, fragte ich. Ich weiß es nicht, sagte Ilse. Was ungesund weiß war in Ilses Gesicht, wie durchsichtig und blau, die dünne Haut, wo sie nicht knotig war, fleckte jetzt rot auf. Er wollte mich heiraten, sagte sie, weißt du das? Er hat mir einen Heiratsantrag gemacht, aber das wollte ich nicht, aus einer Schuld heraus geheiratet werden.

· · · · ·

An dem Tag, an dem ich dem Vater von Hubert und mir erzählen wollte, war ich nicht beim Frühstück gewesen. Wie sollte ich dem Vater in die Augen schauen, wie ihm Gleichgültiges vom Wochenende erzählen? Ich hätte doch lügen müssen, und Ilse hätte gewusst, dass ich ihn belog, es war schäbig, dass ich den Vater belogen hatte. Verzeih mir, würde ich sagen, bitte verzeih mir. Am Abend, hatte ich gedacht, ich rede mit ihm am Abend. Wenn er zurückkommt vom Theater, noch vor dem Abendessen. Ich muss mit dir reden, würde ich sagen, hör mir zu, bitte. Du bist mein Vater, dachte ich, du musst, aber ich hätte nicht sagen können, was er musste. Und plötzlich wollte ich nicht mehr bis zum Abend warten. Plötzlich war da eine Dringlichkeit, ich hätte es schon längst tun sollen. Wieso ich trotzdem vorher noch ins Artemision gegangen bin? Weil ich Angst hatte vielleicht, weil mir Hubert sagen sollte, es wird alles gut. Hubert noch einmal sehen.

Gegen zehn war ich im Artemision. Etwas war anders als an den anderen Tagen. Wo sonst die verschiedenen Gruppen über das ganze Grabungsareal verteilt arbeiteten, drängten sich jetzt die Archäologen, die Studentinnen und die Arbeiter alle an einer Ecke des Ringhallentempels. In der Menschentraube entdeckte ich auch den Kommissar, den Grabungsleiter und Harald, seine Assistenz, Maria und Bertram, die Restauratoren, den Fotografen, ein paar mir unbekannte Gesichter. Eine Aufregung war in der Gruppe, sie standen um eine Ecke des Ringhallentempels und starrten hinunter. Hubert war im Graben, sie hatten unter das Niveau der bereits freigelegten Mauer gegraben, in dieser Grube hockte Hubert. Er schien etwas zu säubern, mit vorsichtigen Bewegungen strich er über etwas, das ich nicht sehen konnte. Wenn es wahr ist, hörte ich jemanden sagen, als ich mich durchdrängte, wenn es das ist, wonach es aussieht, es wäre eine Sensation, sagte ein anderer, einzigartig. Erst mal abwarten, mischte sich ein Dritter ein, vielleicht ist es nur irgendein Stück Holz. Selbst wenn es nur irgendein Stück Holz ist, kam die Entgegnung, ist es ein ziemlich altes Stück Holz, und erstaunlich, dass es sich gehalten hat. Aber es scheint geformt zu sein, es ist nicht einfach ein Klotz, ein Ast, ein angeschwemmtes Stück Treibholz. Dann stand ich am Rand des Grabens, Hubert sah hoch, Ana, sagte er.

Der Kommissar beugte sich zu ihm, der Grabungsleiter, sie ist es, sagte Hubert zu Hans, ich schwöre es dir, sie ist es.

Er sagte etwas auf Türkisch zum Kommissar, der sprang in die Grube, dort war es jetzt sehr eng, und beugte sich über das, was schwarz aus der Erde ragte. Der Kommissar warf die Hände in die Höhe, er rief Hans etwas zu, er schlug Hubert auf die Schulter, ein schnelles Gespräch zwischen den dreien folgte, türkisch, englisch, deutsch, sie redeten durcheinander, Blockbergung, sagte Hubert.

Die Restauratoren schoben sich nach vorne, wir brauchen Holz für die Verschalung, sagte Bertram, Gipssäcke, eine Wanne, haben wir Polyethylenglycol?, eventuell ein Röntgengerät. Ich fahre ins Grabungshaus, sagte Maria, ich bereite alles vor, whatever you need, rief der Kommissar, you get it at once, whatever support you need, the minister himself, der Kommissar klatschte in die Hände, dass es knallte.

Wir müssen die Mauer abstützen, sagte Hubert, das Erdreich, wir brauchen Pfosten, Stützen. Ich kümmere mich darum, sagte Barbara, wir dürfen nicht gefährden, was wir haben, sagte Hubert, er fuhr sich durchs Haar. So schnell und so sicher, wie es nur irgend geht, sagte er, als er aus der Grube kletterte, wir müssen noch tiefer gehen, um zu wissen, wie groß sie ist und wie sie liegt.

Der Fotograf fotografierte, holt mir Jan, sagte Hubert, ich brauche ihn hier. Einer, das war der Museumsdirektor, diskutierte mit dem Kommissar, Hans schüttelte den Kopf, natürlich kommt sie zu uns, sagte er, wir sind bestens ausgerüstet, wozu haben wir das neue Depot, die neuen Werkstätten?

Stefan?, fragte Hubert, aber Stefan war nicht da. Barbara kam mit einem Packen Formulare zurück, Bürokratisches, sagte sie, die notwendigen Papiere für die Dokumentation der Bergung, die Baufirma ist verständigt. Stefan, sagte Hubert wieder, er ist in die Stadt gefahren, sagte jemand, ich brauche ihn hier, rief Hubert, was macht er jetzt in der Stadt?

Problem?, fragte der Kommissar, no problem, sagte Hubert.

Dann war ein Moment, in dem alles stillzustehen schien. Ana, sagte Hubert, er zog mich zu sich. Als hätte es ihm die Sprache verwirrt, stammelte er etwas. Vorsichtig tastete er über mein Gesicht, du, sagte er, ich muss mich wieder um die Göttin kümmern, ein Lachen sprang auf, es ist die Göttin, rief er. Auf dem Hügel, unter den Bäumen, stand jemand, der uns beobachtet hatte.

Hubert küsste mich und ging zur Grube zurück, wo Arbeiter begonnen hatten, Holzplanken auszuladen. Mein Vater kam langsam den Hügel herunter. Er war auf halbem Weg, als Hubert ihn sah. Richard, rief er, das musst du sehen, Richard. Er stürzte, als wäre nie etwas zwischen ihnen gewesen, auf meinen Vater zu, er packte ihn am Arm, er zerrte ihn zur Grube und redete ununterbrochen auf ihn ein. Du wirst es nicht glauben, sagte er, doch, du schon, Richard, es gibt keinen Zweifel, es ist das Xoanon, ich bin mir sicher, es ist das Xoanon, das bei der Überschwemmung, du erinnerst dich, verloren gegangen ist. Sie liegt in der Schwemmschicht, Richard, und sie hat ein Gesicht, anders, als wir es uns gedacht haben. Du musst sie dir anschauen, sie ist wunderschön, Richard, und stell dir vor, fast hätten wir schon zugemacht, ich hab gesagt, wir machen zu, stell dir das vor, dann hat es klonk gemacht. Wir haben es alle gehört, nie werde ich das vergessen, ich habe gewusst, jetzt sind wir auf etwas gestoßen. Sieh sie dir an, Richard, sie ist wunderschön.

Mein Vater ließ sich von Hubert zur Grube zerren, er stieg in die Grube, er hob die Folie, die den Fund bedeckte, er beugte sich über das, was schwarz aus dem Boden ragte. Dass er es hätte sein sollen, der sie ausgrub, der sie ans Licht hob, jede seiner Bewegungen sagte das. Sehr sorgsam zog er die Folie wieder über das Holz. Seine Hände zitterten, als er sich aufrichtete.

Richard, sagte Hubert, lass uns das gemeinsam machen.

Der Blick des Vaters glitt über ihn, über mich, du bist nicht in der Position, mir Angebote zu machen, sagte er. Du täuschst dich wieder einmal über deine Position. Und du, sagte er zu mir, was hat er aus dir gemacht? Wälzt dich in seinem Bett. Weißt du denn, wer er ist? Eine Lügnerin bist du, eine Betrügerin.

Dann ging er und es gab nichts, das ich ihm hätte sagen können.

Die Welt war mir weit weggerückt. Kann ich dir helfen, sagte ich zu Jan, bitte. Jetzt nicht, sagte er, das muss ich mit einem andern machen.

Weil ich im Weg war, zog ich mich zurück. Asyl, dachte ich, ein rettender Platz, das war hier gewesen. Gaben für die Göttin, Wollbinden, weißes Leinen, weiße Wolle, die das Opfertier schmückte, weiße Fäden im Grün der Bäume, wie Haare, alles kann eine Gabe für die Göttin sein. Wie vor langer Zeit zwei Bäche durch den heiligen Bezirk geflossen waren. Ihr Wasser hatte das Blut vom Altar gewaschen.

Wie taub war mein Körper, als wäre mir ein Vorhang vor die Augen gefallen. Ich nahm meinen Zeichenblock, die Stifte, it is a miracle, sagte der Kommissar, ich wünschte mir, es hätte nie ein Wunder gegeben.

Hubert, der sich sehr aufrecht hielt. Manchmal kam er vorbei und verschlang einen Bissen von etwas, trank in gierigen Zügen Wasser, sie ist schön, sagte er. Wie ich, wie vermessend, Punkte fixierte, das Eck einer Mauer, die Kante einer Bodenplatte, wie ich mich zwang, einen gleichgültigen Stein, eine gleichgültige Mauer zu zeichnen, während sie drüben im gleißenden Licht daran arbeiteten, die Göttin zu heben. Die

Welt war ein gleichgültiger Ort und ich wusste nicht, wie ich mich einrichten sollte in ihr.

Am Abend, Scheinwerfer tauchten den Platz in ein Licht, setzte sich Hubert zu mir. Es dauert noch eine Weile, sagte er. Wir haben uns so weit an sie herangearbeitet, dass wir jetzt den Block abstecken können. Wenn wir sie herausheben, das ist ein kritischer Punkt. Willst du sie sehen?, fragte Hubert, sie ist schön.

Ich weiß nicht, sagte ich.

Es tut mir leid, sagte Hubert, was dein Vater gesagt hat.

Das muss es nicht, ich zuckte die Schultern. Dann bin ich eben wieder ohne ihn.

Er beruhigt sich wieder, sagte Hubert, du bist seine Tochter.

Weißt du immer noch nicht, wie er ist. Ich stand auf. Zeig mir die Göttin, sagte ich.

. . . . .

Haschen nach Wind, sagt der Pfarrer. Was für eine schöne Tätigkeit, sagt er, den Wind zu haschen, wie es Kinder tun. Einfangen, was uns entfliehen wird, das ist es, was wir tun auf Erden.

Berufsbedingt, sagt der Pfarrer und lächelt ein leises, feines Lächeln, berufsbedingt war der Verstorbene vielleicht ein wenig ein Heide. Berufsbedingt stand er im Dienst einer Göttin, die schon unter das Gesetz des Lebens und Sterbens gefallen war. Das Abbild des Göttlichen aber, hat der Professor in einer seiner Arbeiten geschrieben, das Abbild des Göttlichen ist überall, im Gras, im Baum, im Stein, im Tier, im Menschen neben uns, und nichts ist wirklich verloren, weil die Göttin gibt und nimmt und wieder gibt. Hier trifft sich vielleicht der Heide mit dem Christen und das Geheimnis, das der Tod ist und das Leben, enthüllt sich beiden gleich.

Der Vater war ganz hohl gewesen, das weiß ich plötzlich wieder, inwendig ganz hohl. Er war in der Tür zur Bibliothek gestanden, dunkel, er hatte mich in seine Arme gerissen, als hätte er geschluchzt. Du tust mir weh, habe ich gesagt, aber das war, weil er hohl gewesen war.

Zum Ausgang Kohelet, hat der Herr Professor gesagt, sagt der Pfarrer. Der Pfarrer nickt mir zu, wie freundlich. Wohlan denn, sagt er. Iss fröhlich dein Brot und trinke wohlgemut deinen Wein! Denn dies ist dein Anteil am Leben und an deiner Mühe, die du dir unter der Sonne machst. Alles, was deine Hand zu tun findet, das tue, solange du es vermagst.

Noch einmal lächelt der Pfarrer mir zu, dann bricht die Orgelmusik über mich herein.

. . . . .

Ich bin mit Hubert in die Grube geklettert, in der die Göttin unter einer schwarzen Folie lag. Die Hitze, die Luft, das Licht, das ist Gift für sie, sagte Hubert und drehte die Scheinwerfer, die den Platz um die Grube ausleuchteten, ab. Es ist ein Wunder, sagte er. Das dürfte es gar nicht geben, verstehst du, dass sie sich erhalten hat. Wenn du mich gefragt hättest, ich hätte dich ausgelacht. Völlig unmöglich, hätte ich gesagt, aber hier ist sie und in einem Zustand, es ist ein Wunder.

Und wieso, fragte ich, wenn es so unmöglich ist?

Du meinst, abgesehen davon, dass es ein Wunder ist? Hubert lachte. Sie liegt in der Sandschicht, sagte er, Schwemmschicht, das hilft. Es muss immer feucht gewesen sein, das ist auch jetzt das Wichtigste, sie darf nicht austrocknen. Wir müssen sie feucht halten, deswegen auch die Beutel, die Folie, aber du kannst sie kurz ansehen.

Er hob die Folie. Holz, dachte ich, als der Strahl seiner Taschenlampe über sie tanzte, ein Stück Holz, das schwarz glänzte. Siehst du ihr Gesicht? Ja, sagte ich, aber ich sah nichts, das Allerheiligste war ein gleichgültiges Stück Holz.

Lange nach Mitternacht war der Erdblock mit seinem hölzernen Kern endlich im Depot. Was geschieht mit ihr?, fragte ich Hubert, da war es schon fast wieder Morgen.

Sie gehört jetzt nicht mehr mir, sagte er. In den nächsten Wochen, vielleicht Monaten, gehört sie den Restauratoren. Sie muss langsam getrocknet werden, sonst kollabiert sie. Sie tränken sie in Polyethylenglycol, das stabilisiert das Holz, dann kommt sie in die Gefriertrocknung, das ist ein langwieriger Prozess. Erst wenn der abgeschlossen ist, übernehmen die Archäologen sie wieder, aber da werde ich nicht mehr dabei sein.

Ist das schlimm?

Hubert lag mit weit geöffneten Augen neben mir. Ich hätte es verdient, dass sie mir gehört. Als ginge das, er lachte. Sie kann ja keinem gehören, das habe ich heute begriffen. Aber, er drehte sich zu mir, ich werde immer der sein, der sie gefunden hat. Das kann mir keiner nehmen, sagte er heiser. Sie gehört niemandem, verstehst du. Huberts Hände fuhren über meinen Körper, aber ich, ich habe sie gefunden.

Ich habe es begriffen, sagte er, endlich begriffen, wie in einem Fieber redete Hubert. Ich kann nicht da sein, wo dein Vater ist. Dein Vater denkt, nicht, sagte ich, nicht vom Vater reden, er denkt, es geht mir darum, ihn auszustechen, aber das stimmt nicht. Du sollst nicht über den Vater reden, sagte ich, gar nicht mehr reden.

Am nächsten Morgen saßen wir beim Frühstück beieinander, mir war übel vor Angst, aber der Vater war nicht da.

Du hast deinen Vater sehr gekränkt, sagte Ilse. Wie willst du das bereinigen?

Es gibt nichts zu bereinigen, sagte ich, und es geht ihn nichts an, mit wem ich schlafe. Ich frage ihn ja auch nicht, mit wem er schläft. Ilses Augen verdunkelten sich.

Hubert verbrachte den Vormittag im Depot. Der Vater war nicht bei dem Bus, der zum Theater fuhr, er war nicht im Büro und nicht im Zimmer, wo ich ihn schließlich suchte. Die Zeit, die verging, füllte mich mit einer Leere.

Sie ist kleiner als die Schöne Artemis, sagte Hubert, als ich dann in der Restaurierwerkstätte vor dem Erdblock stand. Das ist ein Brett, sagte ich, das ist nicht viel mehr als ein großes Brett. Wenn sie restauriert ist, wirst du mehr sehen, sagte Hubert. Sie ist jetzt aufgequollen, sie ist noch nicht gereinigt, schau genau hin, sagte er, aber ich sah nur ein Brett, ein Stück Holz.

Auch am Abend war der Vater nicht da, er ist nach Wien geflogen, sagte Ilse, ich weiß nicht, wann er zurückkommt. Nach dem Abendessen ging ich mit Hubert ins Depot, wo Maria und Bertram das Holz versorgten. Wie in ihrem früheren Leben, sagte Hubert, wird sie wieder versorgt, gekleidet, gespeist, geölt, er beugte sich über das Holz, suchte etwas in den aufgequollenen Zügen der Göttin, eine Pein zuckte in seinen Händen. Wir gingen früh zu Bett, wir lagen ganz still zusammen. Der nächste Tag war heiter, fast gelassen, der letzte Tag des Sommers.

. . . . .

Der Mutter steht die Trauer gut. Wie sie, ein wenig wie im Schmerz erstarrt, die Augen überquellend, aber nur fast, ihre Hand auf die Hand der Kondolierenden legt, ein gemurmeltes Wort, ein herzzerreißendes Lächeln, nur ich weiß, dass sie sich königlich amüsiert.

Sie müssen die Leute begrüßen, sagt mir die Frau Pölzinger, zu der ich mich im Gasthof geflüchtet habe, das ist Ihre Aufgabe hier. Also stelle ich mich neben die Mutter, schüttle Hände, thank you for coming, thank you so much, sagt die Mutter und erkundigt sich angelegentlich, wo in Amerika?, Chicago, sagt sie, we should meet over there.

Die Frau Pölzinger führt die Gäste zu den Tischen, es ist ja nicht so viel Familie hier, flüstert sie mir zu, wir haben einen Tisch für die Familie reserviert, aber ansonsten keine Sitzordnung, das findet sich schon von selbst.

Ein Schwung Leute kommt, Barbara, rufe ich, Stefan, Sophia, Ingrid, Werner, Anastasia, sagen sie einer nach dem andern, schütteln mir die Hand oder umarmen mich. Big hug, sagt einer, das ist John, ein bisschen ungeschickt vielleicht, das ist Jan, Jan, sage ich, ich hab so Angst gehabt, ich wäre ganz allein. Weil ich dann ein wenig in Tränen ausbreche, zieht mich Jan von der Tür weg. Was denn, ganz allein, sagt er. Wir reden später, er nickt zur Tür, da steht Ilse. Die Mutter hat sich auf einen älteren Herrn gestürzt. Die Zerstörung in Ilses Gesicht ist sehr sichtbar, rotgefleckt, ein vernarbtes Weiß, Ilse, sage ich, dass du gekommen bist. Verzeih mir, möchte ich sagen, mich in ihre Arme werfen, ich konnte doch nicht nicht kommen, sagt Ilse. Sie nimmt mich in die Arme, mein armes liebes Kind, sagt sie, als wäre ich wieder siebzehn. Ich möchte tot sein, auf der Stelle. Setz dich zu uns, sagt Jan, Ilse lächelt, das verzieht ihr Gesicht.

Junge Menschen stehen vor mir, Studenten, Studentinnen, herzliches Beileid, sagen sie und wissen nicht recht, wie sie mich ansehen sollen. Ich habe Ihrem Vater so gerne zugehört, sagt ein Mädchen, alles habe ich da verstanden, sie legt die Hand auf die Brust.

Ja, sage ich, ich weiß.

Neben den Studenten sitzen die Musiker, das war sehr schön, sage ich, das hätte dem Vater gut gefallen. Sind Sie alle Kollegen meines Vaters?, frage ich, sie nicken, C. A., sagt einer, Collegium Archaeologicum. Normalerweise spielen wir mehr Jazz, Blues, sagt er, Ihr Vater hat uns aber schon vor Jahren für diesen Auftritt engagiert. Also haben wir von Zeit zu Zeit ein mögliches Programm mit ihm diskutiert, seitdem sind wir manchmal auch klassisch unterwegs.

Einer stellt sich vor, Michael, sagt er, Michael Schwind, ich soll Sie von Martin grüßen. Er hat mich gebeten, Ihnen das hier zu geben. Er drückt mir ein Päckchen in die Hand. Das hing in unserem Büro, sagt Michael, er hat es mir dagelassen, als er in den Irak gegangen ist. Aber jetzt, sagt er, soll es Ihnen gehören.

Ich wickle aus, was in Packpapier geschlagen ist, einen Bilderrahmen, eine Fotografie, es ist die Mauer in den Hügeln, an einem frühen Morgen in der frühen

Sonne. Ein Zettel liegt dabei. Irgendwo dazwischen leben wir, steht darauf.

Martin hat gesagt, Sie wissen, was er meint. Michael sieht mich an. Ja, sage ich, ich glaube schon.

Weil mir wieder Tränen in die Augen schießen, drücke ich das Bild an die Brust, ich sage noch einmal Danke und flüchte. Setz dich endlich, Kind, sagt die Omi, setz dich zu mir. Ich kann nicht lange bleiben. Und wann sehe ich dich sonst, es muss einer sterben, dass ich dich sehe.

Das stimmt nicht, Omi, sage ich, ich hab nur grad so viel zu tun.

Ja ja, sagt die Omi, du bist wie deine Mutter, du könntest genauso gut in Amerika sein, so wenig sehe ich dich.

Das stimmt nicht, sage ich, das letzte Mal, ich denke nach, du hast recht, das ist schon ziemlich lange her. Nicht böse sein.

Nützt es was, wenn ich böse bin?, fragt sie. Sie sieht sich um. Wo ist dein netter junger Mann?

Wen meinst du?

Wen meinst du, wen meinst du, schimpft sie, du weißt genau, wen ich meine. Warum ist der Friedrich nicht hier, lässt er dich allein, in so einer Situation?

Die Omi hat Friedrich einmal getroffen. Ich will wissen, mit wem du wegfährst, hat sie gesagt, als ich ihr erzählt habe, dass ich mit ihm nach Südtirol fahre, also waren wir bei der Omi zum Kaffee.

Er ist im Anzug erschienen und mit Blumen. Wir gehen auf keine Hochzeit, habe ich gesagt.

Wenn ich bei ihr um deine Hand anhalten dürfte, würde ich das tun, hat er gesagt.

Die Omi hat ihn gemocht, er sieht gut aus, hat sie mir zugeflüstert, so laut, dass er es hören musste. Er wirkt auch sehr sympathisch, Herr Friedrich, hat sie gesagt, um ihn aufzuziehen. Nur Friedrich, hat Friedrich gesagt, also, die Omi sieht sich um, wo ist er?

Nicht da, sage ich, was soll er hier?

Bei dir sein, sagt die Omi.

Ich habe ihn nicht eingeladen, ich brauche ihn nicht.

Tu nicht so, sagt sie, als würdest du niemanden brauchen. Warum sollst ausgerechnet du niemanden brauchen.

Dann setzen sich ein paar Leute zu uns, die zur Familie gehören, die Cousins, denke ich, und die Cousinen. Wir erklären einander unsere Verwandtschaftsverhältnisse. Zwischendurch schwirrt die Mutter an den Tisch, bleib einmal wo sitzen, schimpft die Omi, ich habe da einen interessanten Mann kennengelernt, sagt die Mutter. Sie soll sich einmal einen uninteressanten Mann suchen, vielleicht bleibt der bei ihr, sagt die Omi, und darüber vergeht das Essen.

Ich muss zum Großvater zurück, sagt sie schließlich, sie umarmt mich, ich bin da, wenn du doch jemanden brauchst.

Ich drücke ihr ein Päckchen Kuchen, Honigkuchen, in die Hand. Sag dem Großvater einen schönen Gruß, er soll gesund werden.

Er will dich sehen, sagt die Omi, der Nächste bin ich, sagt er, dann sieht sie mich im Sarg.

Also gut, sage ich, ich komme am nächsten Wochenende.

Siehst du, sagt sie, es geht ja.

Später fragt die Mutter nach Friedrich, ich habe gehört, da gibt es jemanden, lerne ich ihn nicht kennen?

Wozu, sage ich, willst du ihn ficken?

Die Mutter sieht mich an, wie schockiert, red nicht so grauslich, sagt sie.

Das habe ich von dir, antworte ich, und es stimmt ja auch.

. . . . .

Wir wussten nicht, dass es der letzte Tag des Sommers sein würde. Wie haben wir ihn verbracht? Heiter, fast gelassen, das Schlimmste war schon passiert. Eine Erleichterung und eine zaghafte Freude.

Am Abend war der Vater wieder da. Komm ins Büro, hat er zu Hubert gesagt, der mit Stefan und Barbara die Tagesarbeit durchging, mich hat der Vater nicht angesehen. Als Hubert zurückgekommen ist, ist er an uns vorbeigegangen, über den Hof, in das Haus, Hubert, hat Stefan gesagt, aber Hubert hat nicht reagiert. Ich bin ihm nach, er saß im Dämmerlicht auf dem Bett, es ist aus, hat er gesagt, es ist alles vorbei.

Was redest du?

Hubert hat mir ein Kuvert hingestreckt, darin war ein Foto, ich habe das Licht aufgedreht, das Foto zeigte ihn, einen jüngeren Hubert, wie ich ihn von ganz früher kannte. Er hielt etwas in den Händen, schmal, länglich, eine Statuette, Elfenbein, dachte ich, eine elfenbeinerne Statuette, die in seinen Händen zu leuchten schien, und Hubert lachte in die Kamera. Ich tastete in dem Kuvert nach mehr, aber das war alles.

Das geht morgen an die Grabungsleitung, sagte Hubert, das und die anderen Fotos.

Was ist das?

Das, sagte er, das ist eine verdammte Dummheit.

Erklär's mir, sagte ich.

Wozu, es ist vorbei. Ich kann die Koffer packen, ich bin erledigt, ich muss froh sein, wenn ich nicht in einem türkischen Gefängnis verrotte. Er sprang auf, er lief im Zimmer auf und ab, verdammt, verdammt, verdammt, schrie er, ich war so ein verdammter Idiot.

Erzähl's mir, sagte ich und schließlich erzählte er mir, immer wieder stockend, eine wirre, verworrene Geschichte, wie er in seinem ersten Jahr, er war im Depot eingeteilt, um Scherben zu vermessen, Scherben zu zeichnen, wie er, weil er seine Ungeduld nicht bezähmen konnte und weil niemand da war, dem er das so sagen konnte, in einem Pfirsichgarten hinter dem Artemision zum Spaß, zum Spaß, stöhnte er, eine kleine private Grabung durchgeführt hatte.

So dumm, so unglaublich dumm, sagte er. Jeder Erstsemestrige weiß das, jeder Nichtarchäologe weiß es, dass man nicht einfach so graben kann, nirgends, schon gar nicht in der Türkei und schon überhaupt nicht in der Nähe des Artemisions, auf heiligem Boden sozusagen. Jeder nächste Idiot weiß das, und ich hab das auch gewusst, aber, Hubert riss an seinem Haar, ich habe es trotzdem getan. Warum, keine Ahnung. Weil ich es so unbedingt wollte, weil ich ein Idiot war, ich weiß es heute nicht mehr. Eine sensationelle Entdeckung machen, vielleicht habe ich mir das gedacht, einfach so, in einem Pfirsichgarten.

Hubert versetzte dem Sessel, der ihm im Weg stand, einen Tritt. Da war einer gewesen, mit dem hatte er sich angefreundet, Mehmet, das war der Sohn des Pfirsichgartenbesitzers. Sie hatten einen Baum ausgegraben, hatte er Hubert erklärt, da war ein Loch, das war sowieso da und da könnte er weitergraben, und Hubert hatte seinem Verlangen nachgegeben.

Und dann?, fragte ich, weil er nicht weiterredete.

Und dann, sagte er, was war dann. Er nahm das Foto, starrte den jungen Hubert an. Erst einmal war gar nichts, sagte er. Ich habe, um mein Gewissen zu beruhigen, und weil es sich so gehörte, alles dokumentiert, was ich getan habe. Ich habe es so gemacht, wie es im Lehrbuch steht. Stratigrafische Aufzeichnungen, den Kontext bewahren, hab ich zu Mehmet gesagt, großmäulig. Jeden idiotischen Metallbügel einer Cola-Dose habe ich behandelt, als ob es ein Fund wäre, jeden blöden Knochen. Der war vielleicht von einer Grillerei übergeblieben, Olivenkerne, Hühnerknochen, sonst war da ja nichts. Und dann, ich weiß nicht, ob Mehmet mich von Anfang an reingelegt hat, ob ich ihm gerade recht gekommen bin oder ob er genauso überrascht war wie ich, dann sind wir darauf gestoßen.

Er zerknüllte das Foto und warf es zu Boden. Wenn wir was finden, hab ich zu Mehmet von Anfang an gesagt, geben wir es ab. Klar geben wir es ab, hat Mehmet gesagt und die Hühnerknochen und Olivenkerne sortiert. Und dann haben wir das gefunden, Hubert nickte zu dem zerknüllten Foto hin. Auf einmal, nach den Knochen, nach den Olivenkernen, nach einem Haufen Steine und Erde, wir haben gerade runtergegraben, auf einmal ist sie dagelegen.

Ich bückte mich nach dem Foto, ich strich es glatt. Schimmerndes Elfenbein, große Mädchenaugen, eine schmale schlanke Statuette, Huberts unbändiges Lachen.

Nach der ersten Euphorie, sagte Hubert, habe ich auf einmal gewusst, was ich getan hatte. Wir müssen sie zur Grabungsleitung bringen, habe ich zu Mehmet gesagt, müssen wir, hat er gesagt, klar müssen wir. Ich hab Glück, wenn sie mich nicht einsperren lassen. Ich hätte das nie tun dürfen.

Erst trinken wir noch was drauf, hat Mehmet gesagt, warte hier. Ich wickle sie in ein Handtuch ein, hat er gesagt, wir können ja nicht so mit ihr durch die Straßen gehen, warte hier. Sofort zur Grabungsleitung, hab ich gedacht, und mir zurechtgelegt, was ich sagen würde. Dass ich alles dokumentiert hatte, würde mich vielleicht retten, also retten, zeigen, dass ich nur ein gottverdammter Idiot war und kein krimineller Raubgräber. Und irgendwann ist mir aufgefallen, dass Mehmet nicht mehr zurückgekommen ist, und da hab ich gewusst, dass er mich reingelegt hat.

Er sah sich im Zimmer um, als wäre ihm fremd, was er sah. Ich sollte packen, sagte er, aber er rührte sich nicht.

Wie kommt der Vater zu dem Foto?, fragte ich.

Ich habe es ihm gegeben, sagte Hubert. Ich habe ihm alles gesagt, was hätte ich sonst tun sollen?

Wieso, fragte ich, wieso hast du es nicht einfach verschwiegen? Mehmet hätte dich doch sicher nicht verraten.

Aber das konnte ich nicht, sagte Hubert erstaunt. Natürlich musste ich es der Grabungsleitung sagen. Es nicht zu sagen, wäre ein weiterer Fehler gewesen, ich hatte schon genug Fehler gemacht. Wenn ich Glück habe, dachte ich, sperren sie mich erst in Österreich ein. Dass ich nie wieder eine archäologische Stätte betreten dürfte, das war klar, das Archäologiestudium war gestorben, ich habe da aber gar nicht mehr viel gedacht. Als dann endlich dein Vater gekommen ist, es war ein Samstag und er hatte einen Ausflug gemacht, als er dann endlich zurück war, habe ich ihm alles erzählt. Es war, Hubert starrte blicklos in den Kasten, eine Erleichterung. Ich war doch ein Verbrecher plötzlich, ein Raubgräber, das Allerabscheulichste, das ein Archäologe überhaupt sein kann. Dass man einen umbringen kann, das verstehen Archäologen, aber Raubgräber, das ist Abschaum.

Und der Vater, fragte ich, was hat der Vater gemacht?

Er hat sich alles angehört, er war sehr ruhig. Er hat sich meine Aufzeichnungen angeschaut, meine Notizen, er hat den Film aus der Kamera genommen. Beschreib mir die Statuette, hat er gesagt, im Pfirsichgarten also, hat er gesagt. Dann sind wir gesessen, eine Ewigkeit, ohne ein Wort zu wechseln, da war es schon Nacht.

Dann stelle ich mich also der Polizei, habe ich gesagt.

Du wirst nichts tun, hat dein Vater gesagt, mach es nicht noch schlimmer. Du willst in kein türkisches Gefängnis, hat er gesagt, nicht für einen Tag, glaub es mir. Lass mich nachdenken. Dann war wieder Nacht und Schweigen und schließlich ist er aufgestanden. Er hat meine Aufzeichnungen, meine Notizen, die Fotorolle in seine Aktentasche gegeben.

Die Statuette ist weg, hat er gesagt. Selbst wenn wir die Polizei verständigen würden, wäre die Chance sie wiederzubekommen sehr gering. Die Schmuggler wissen, wie sie die Sachen aus dem Land schaffen. Mehmet wird man sich vornehmen, wenn er wieder auftaucht. Und seinen Vater, das wäre natürlich Sache der Polizei.

Er hat mich angesehen, dass ich gewusst habe, er wird mich ausliefern. Was sollte er sonst tun. Als hätten wir keine anderen Probleme, hat er gesagt. Er hat auf den Tisch geschlagen, das hat mich erschüttert, dass dein beherrschter Vater auf den Tisch geschlagen hat. Du weißt, hat er gesagt, wie idiotisch das ist, was du getan hast, unglaublich idiotisch. Du bist an einer Raubgrabung beteiligt, du bist in verbrecherische Aktivitäten verwickelt – wie konntest du nur etwas dermaßen Idiotisches tun! Wir spielen hier nicht Schliemann, Herrgott noch einmal! Du bist daran beteiligt, dass wertvolles Kulturgut das Land verlässt! Weißt du, was darauf in der Türkei steht? Und nicht nur, dass du dich selbst an Leib und Leben gefährdest, du gefährdest auch unsere Arbeit hier. Du gefährdest die Arbeit von hunderten Wissenschaftlern, hast du daran vielleicht gedacht? Nein, natürlich hast du daran nicht gedacht, Herrgott, wie kann man nur so dumm sein! Denkst du, die türkischen Behörden vertrauen uns noch, wenn unsere eigenen Leute in Raubgrabungen verwickelt sind?

Wenn ich mich stelle, warf ich ein, niedergeschmettert vom Ausmaß meiner Dummheit, wenn ich sage, dass ich das ganz alleine und auf eigene Verantwortung, aus Dummheit, du machst einmal gar nichts, hat er gezischt. Dass ich ja wohl schon zu viel gemacht hätte, sagte er. Dass ich mit niemandem darüber reden sollte. Wenn ich reden müsse, hat er gesagt, dann solle ich zu ihm kommen.

Werfen Sie mich denn nicht hinaus?, habe ich ihn gefragt.

Das kommt vielleicht noch, hat er gesagt. Geh jetzt, hat er dann gesagt, und dass er nachdenken müsse.

Hubert ging zum Kasten. Er hob den Koffer vom Kasten herunter und ließ ihn zu Boden fallen, das kommt vielleicht noch, hat er gesagt. Ist das nicht ein Witz. Und dann wartet er vierzehn Jahre. Und in dem Moment, wo ich bereit bin, von hier wegzugehen, endlich, da holt es mich ein.

Und damals, fragte ich, was war damals, nach diesem Gespräch? Er hat dich doch offensichtlich gedeckt.

Hubert warf Hemden, Shirts, Hosen in seinen Koffer. Am nächsten Tag hatte der Vater einen Erkundigungstrupp in den Pfirsichgarten geschickt. Der Trupp hatte festgestellt, dass Unbefugte gegraben hatten. Daraufhin war das Gelände genauer unter die Lupe genommen worden und in der Folge hatte sich daraus ein eigenes Projekt entwickelt. Von Mehmet hatte Hubert nie wieder etwas gesehen oder gehört. Hubert selbst hatte jeden Tag damit gerechnet, dass ihn der Vater heimschicken würde.

Aber dann, sagte Hubert, dann ist etwas Seltsames geschehen. Dein Vater hat mich, Hubert drehte sich zu mir, wie unter seine Fittiche genommen. Er hat mich vom Depot freistellen lassen, ich durfte im Artemision dabei sein, er hat mir Aufgaben zugeteilt, die normalerweise älteren Studenten zustehen. Hier, zeig, was du kannst, hat er gesagt. Er hat mit mir die Befunde diskutiert, als wäre ich schon vollwertiger Archäologe, und an den Wochenenden hat er mich nach Ephesos mitgenommen, nach Didyma, Milet, nach Pergamon.

Darf ich denn weiterstudieren?, habe ich ihn gefragt, bevor ich zurückgeflogen bin. Werden Sie mich nicht melden?

Wir machen Fehler, hat er gesagt, damit wir bessere Wissenschaftler werden.

Wieso tun Sie das?, habe ich ihn gefragt. Hubert lachte. Das habe ich ihn heute auch gefragt. Wieso tust du das, wieso jetzt, wieso überhaupt?

Was hat er gesagt?

Heute, nichts. Damals hat er mich angesehen, als wollte er mich in jedem Winkel ausleuchten, du weißt, wie er das macht.

Du hast eine Schuld abzutragen, hat er gesagt. Und am besten fängst du gleich damit an.

Bevor ich mich von ihm verabschiedet habe, ist er mit mir noch einmal ins Artemision gegangen. Ist es das, was du machen willst, hat er mich gefragt. Nichts anderes, habe ich gesagt. Dann kommst du nächsten Samstag zu uns zum Mittagessen, hat er gesagt, und dann schauen wir, was wir für dich finden.

So war das, sagte ich, so bist du zu uns gekommen?

Da war ich das erste Mal bei euch in der Villa, da habe ich dich das erste Mal gesehen, weißt du das noch?

Nein, sagte ich, das erste Mal weiß ich nicht mehr.

Huberts Lächeln, das kurz aufgeflackert war, erlosch. Es ist vorbei, sagte er. Ich bin erledigt.

Aber wie kann dich etwas, das mit Hilfe der Grabungsleitung vertuscht wurde, kann dich denn das tatsächlich ruinieren? Du bist ein guter Wissenschaftler, ein erstklassiger Archäologe. Du hast doch deinen Fehler auf eine Art wieder gutgemacht, oder nicht?

Ja, sagte Hubert, vielleicht, aber das ist nicht die

Geschichte, die dein Vater der Grabungsleitung erzählen wird.

Was heißt das?

Dein Vater bringt mich mit den Raubgrabungen in Verbindung, mit denen wir hier immer zu kämpfen haben.

Das kann er doch nicht tun, rief ich, das stimmt doch nicht, oder?

Nein, natürlich stimmt das nicht. Aber wie will ich es denn beweisen, dass ich damit nichts zu tun habe? Hubert schlug sich mit den Fäusten gegen den Kopf. Beweis das einmal, rief er. Es steht sein Wort gegen mein Wort. Und wenn dein Vater bereit ist, seinen guten Ruf zu riskieren, seine Karriere unrühmlich zu beenden, und was ist das für ein Ende, wenn er zugeben muss, dass er mich damals gedeckt hat, dass er also schuld daran wäre, wenn hier jahrelang über einen Mitarbeiter des Grabungsteams Schwarzhandel mit Antiquitäten betrieben wurde! Wenn er jetzt bereit ist, seinen eigenen Ruf, die Grabungen, den Ruf des gesamten Teams, den Ruf der österreichischen Archäologie hier zu riskieren – warum sollte er das tun, wenn es nicht wahr wäre? Warum sollte er sich so etwas ausdenken, das wäre doch völlig hirnrissig. Sein Wort gegen mein Wort. Die Fotos, die beweisen, dass er die Wahrheit sagt, und das kann ich auch nicht abstreiten. Und da ist Mehmet, den er offensichtlich aufgetrieben hat und der bereit ist, gegen mich auszusagen.

Er blufft, sagte ich. Ich glaube nicht, dass er das wirklich tut. Vielleicht schmeißt er dich aus Ephesos hinaus, aber er wird nicht die Grabungen für eine Lüge riskieren, das tut er nicht, niemals.

Das wird Hans entscheiden, sagte Hubert, wie weit er an die Öffentlichkeit geht. Aber selbst wenn alles niedergeschlagen wird, um die Grabungen zu schützen, mir hilft das gar nichts. Ich bin erledigt, dafür wird dein Vater sorgen. Es reicht, Gerüchte in die Welt zu setzen – wie soll ich mich gegen Gerüchte wehren? Es gibt genügend arbeitslose Archäologen, warum soll man einen nehmen, dem man Raubgräberei nachsagt. Und du kannst dir sicher sein, dass dein Vater auf die eine oder andere Art auch die Kollegen im Ausland warnen wird. Vielleicht schmuggelt mir noch wer ein Objekt in den Koffer. Lach nicht, sagte er, das ist alles schon vorgekommen, wenn einer einen vernichten will.

Aber wieso soll dich mein Vater vernichten wollen? Wieso jetzt, nach so vielen Jahren? Wieso nicht nach dieser blöden Sache mit der Dissertation, was ist denn jetzt anders, fragte ich. Aber noch während ich das sagte, wusste ich, was anders war.

. . . . .

Richards Tochter, sagen die älteren Herrschaften, wenn ich an ihren Tischen vorbeikomme. Setzen Sie sich doch, sagen sie, wir haben uns ja schon kennengelernt, sagt einer, im Institut, Sie werden sich nicht mehr erinnern, da waren Sie noch so klein, sagt er und deutet auf Kniehöhe.

Ich bin Ihrem Vater in seinem ersten Studienjahr begegnet, sagt sein Nachbar, eine lebenslange Freundschaft. Bei einer Lehrgrabung getroffen, sagt ein anderer, auf Kongressen zusammengekommen, in Projekten zusammengespannt, so eine fruchtbare Zusammenarbeit. Ihr Vater, sagen sie, hat noch Briefe geschrieben, es sollte jemand die Briefwechsel herausbringen, ein integrer Mensch, ein glänzender Wissenschaftler, ein wahrhafter Freund.

Dann vergessen sie, dass ich da bin und bewerfen einander mit Namen und Anekdoten, Palmyra, Aphrodisias, wie wir in Limyra waren, Aigeira, einmal in Elis, in Tell-el Dab'a, Ephesos, natürlich, immer wieder sagen sie Ephesos. Er hat nie verwunden, sagt einer, was damals passiert ist.

Das sagt dann auch Ingrid, die ist jetzt die neue Grabungsleitung, er ist nie mehr nach Ephesos gekommen. Ein Jahr lang hat er sich ganz zurückgezogen, von allem, dann ist er wieder ins Institut gekommen, er hat den Nachwuchs betreut, das war ihm ein Anliegen. Bis zum Schluss, sagt Ingrid, war er eine Ansprechstelle vor allem für die Jungen, aber natürlich auch für uns, er wird sehr fehlen. Wenn du, sagt sie, nach Ephesos kommen möchtest, du weißt, dass du willkommen bist. Du bist Architektin, wer weiß, ob sich nicht etwas ergibt.

Ich weiß nicht, sage ich, überleg es dir, sagt Ingrid, komm uns besuchen, wann immer du willst. Ja, sage ich, danke. Nie, denke ich, nie werde ich dahin zurückkehren.

Die Frau Pölzinger verabschiedet sich. Ihr Herr Vater, sagt sie, Ihr Herr Vater freut sich sehr, dass Sie gekommen sind. Sie schnüffelt in ihr Taschentuch. Es ist alles so, wie er es sich gewünscht hat, er ist sehr zufrieden.

Später sitze ich bei Jan. Du hättest eine gute Vermesserin werden können, sagt er, er grinst. Aber Architektin ist auch in Ordnung. Du und Hubert, sagt Jan, das ist nichts geworden aus euch, oder?

Nein, sage ich.

Ich habe ihn aus den Augen verloren nach diesem Sommer, sagt Jan, aber manchmal habe ich mir gedacht, dass ihr ja vielleicht zusammen seid.

Nein, sage ich, das war dann doch nicht.

Du bist nie mehr nach Ephesos gekommen, sagt Jan. Ich schüttle den Kopf. Du warst doch aber dort wie zu Hause, sagt er.

Ich konnte doch nicht, sage ich, das ist nur noch ein Flüstern.

Jan sagt nichts, eine ganze Weile lang. Warum redest du nicht mit Ilse, sagt er dann. Du solltest mit Ilse reden.

. . . . .

Ich verstehe, dass du auf mich böse bist, habe ich zum Vater gesagt. Er saß an seinem Tisch und drehte sich nicht zu mir um, ich habe dich angelogen, das hätte ich nicht tun sollen. Ich hätte mit dir reden sollen, sagte ich, es tut mir leid. Aber bestraf nicht Hubert dafür, dass ich feig war. Wie konnte ich es dir denn sagen?

Ich starrte auf den Rücken des Vaters. Er war stumm, er schrieb, seine Füllfeder kratzte über das Papier. Ich habe Angst gehabt, dass ich dich verliere. Der Vater blieb stumm. Er schrieb, den Bericht an die Grabungsleitung, dachte ich. Kann ich nicht euch beide lieben, sagte ich, Liebe, schnaubte der Vater, was redest du von Liebe.

Weil es so ist, wieso muss ich dir das erklären?

Zeile um Zeile füllte der Vater mit seiner gleichmäßigen Schrift. Warum tust du das, fragte ich endlich, wieso hasst du ihn so? Was hat er dir getan, der Vater schrieb ohne aufzusehen. Er hat dir doch nicht wirklich etwas weggenommen, sagte ich, nichts, was du nicht hättest verschmerzen können. Sogar das Holz, das er jetzt ausgegraben hat, euer heiliges Holz, sogar das gehört dir. Ist dir das nicht genug?

Nur das Kratzen der Feder störte die Stille. Sag es mir, sagte ich, warum tust du das, ich will es verstehen.

Jetzt legte der Vater die Feder weg, jetzt drehte er sich um. Du willst es also wissen, ja, sagte ich. Weil, sagte der Vater, weil ich nicht will, dass dieser Mensch auch noch meine Tochter bekommt.

. . . . .

Wenn du es gewusst hast, sage ich zu Ilse, warum hast du nichts gesagt? Warum bin ich nie, Ilses geschmolzenes Gesicht, ich schaue an ihr vorbei, da ist ein Bild, das zeigt Weingärten, und Winzerinnen, warum bin ich nie zur Rechenschaft gezogen worden.

Hättest du das denn gewollt?, fragt Ilse.

Ich habe den Vater verloren, sage ich. Ich habe ihn nie wieder gesehen.

Er hat dich geschützt, sagt Ilse.

Ich weiß, sage ich. Ich habe ihn trotzdem verloren.

Dass ich dir dein Leben zerstöre, sagt Ilse, hättest du das tatsächlich gewollt? Keinen Tag in einem türkischen Gefängnis, hat dein Vater gesagt, keinen einzigen, sie ist doch meine Tochter. Das war Monate, nachdem es passiert ist, da habe ich noch geglaubt, sie berührt ihre Wange, dass die Ärzte mir mein Gesicht zurückgeben können. Monate, nachdem es passiert ist, hat er es mir erzählt. Ich habe es schon vorher gewusst, , dein Vater hat nicht mehr von dir geredet.

Ilse legt ihre Hand an meine Wange, zwingt mich, sie anzusehen, die dünne Haut, wie gefältelt am Hals, das kalte Feuer in ihrem Gesicht. Was hätte es genützt? Das da, Ilse berührt ihr Gesicht, das war schon passiert, das war ja nicht mehr zu ändern. Ich habe deinen Vater geliebt, sagt sie, wie hätte ich ihm das antun können. Und es hätte die Grabung gefährdet.

Natürlich, sage ich, ich schiebe ihre Hand weg, die Grabung, natürlich.

Ein Rotes flackert über Ilses Gesicht, ihre Finger

bohren sich in meinen Arm. Sollte ich, sagt sie sehr scharf, mir auch noch meine Arbeit nehmen lassen?

Nein, sage ich.

Manchmal habe ich mir gewünscht, sagt Ilse, ich könnte dir antun, was du mir angetan hast.

Verzeih mir, möchte ich sagen, ich habe es nicht gewollt. Als zählte es, was wir wollen.

Es ist jetzt vorbei, sagt Ilse. Ich habe dich sehr gehasst, das ist jetzt vorbei.

. . . . .

Du hast mit meiner Mutter geschlafen. Du bist bei uns ein- und ausgegangen und hast, sag, dass das nicht stimmt, das stimmt doch nicht.

Weißt du es nicht?, hat der Vater gesagt, hat er dir das nicht erzählt? Ein Morgenfick, höre ich die Mutter sagen, ein Abendfick, Nachmittagsfick, für einen guten Fick, hat sie gesagt, du wirst es schon noch sehen. Was soll das heißen?, habe ich gefragt, dass er auch noch deine Tochter bekommt, was heißt das? Er hat mit deiner Mutter geschlafen, er ist bei uns ein- und ausgegangen und hat mit deiner Mutter geschlafen. Jetzt weißt du es, er hat sie gut gefickt, und ich weiß auf einmal wieder, was die Mutter zum Vater gesagt hat, was ein Fick ist, ein richtig guter Fick. Die Mutter hat gelacht, leise, sag, dass das nicht wahr ist.

Er weiß das, stöhnt Hubert, er hat das immer gewusst?

Hast du sie geliebt?, frage ich. Hast du sie geliebt oder nur gefickt? Ich lache. Schläfst du deswegen mit mir, oder fickst du mich?

Hör auf, sagt Hubert.

Er hat mit deiner Mutter geschlafen, hat der Vater gesagt, er hat sie gut gefickt. Tut er das auch mit dir?

Du hast uns belogen. Du warst bei uns, weil, nein, sagt Hubert, und weil du die Mutter gehabt hast, wolltest du auch die Tochter haben. Nein, sagt Hubert, das ist nicht so gewesen, ich spucke ihn an.

Willst du mich jetzt ficken, Hubert?, sage ich. Willst du das jetzt? Die Mutter und die Tochter, Hubert hält mir den Mund zu, nein, keucht er, das ist nicht so gewesen. Sein Gesicht ist an meinem Gesicht, ich beiße ihn in die Hand. Hör zu, keucht er, es ist nicht so gewesen, dann lässt er mich los.

Wenn es nicht so gewesen ist, sage ich, wie ist es gewesen?

Ich habe deinem Vater Bücher zurückgebracht, sagte Hubert. Wir wollten etwas besprechen, es muss ein Samstag gewesen sein. Der Professor ist nicht da, hat deine Mutter gesagt, er ist nach Hallstatt gefahren. Du hast es mir später erzählt, ihr wart bei den Gräberfeldern, ja, sagte ich.

Der Professor kommt heute nicht mehr, hat deine Mutter gesagt, also habe ich ihr die Bücher gegeben. Wollen Sie nicht ein Glas Wein mit mir trinken?, hat sie gesagt, ich wusste nicht, wie ich Nein sagen sollte. Wir haben ein Glas Wein getrunken, ich muss jetzt gehen, habe ich gesagt, Sie müssen nicht gehen. Sie hat mir das Glas aus der Hand genommen, wir haben miteinander geschlafen, ein einziges Mal. Ich wusste nicht, wie ich Nein sagen sollte.

Wo?, fragte ich.

Ana, sagte Hubert, nicht.

Ich will es wissen, wo?

Da wo wir waren, sagte Hubert, im Wohnzimmer.

Ich war sieben. Als du mit meiner Mutter geschlafen hast, war ich sieben.

Ana, sagte Hubert.

Hast du immer, wenn der Vater nicht da war, wenn wir nicht da waren, der Vater und ich. Wenn ich in der Schule war und der Vater war am Institut oder weg, er war so oft weg.

Ich schwöre es dir, sagte Hubert, es war einmal, dieses eine einzige Mal, es ist nie wieder passiert.

Wieso soll ich dir das glauben, sagte ich. Und was macht es für einen Unterschied?

Hubert stand auf. Du hast recht, es macht keinen Unterschied. Er drehte sich im Zimmer, als wäre da noch ein anderer Raum oder jemand, an den er sich wenden könnte. Ich habe eine panische Angst gehabt, sagte er ins Zimmer hinein, eine panische Angst, dein Vater könnte es erfahren. Das ist nicht sehr schmeichelhaft für mich, hat deine Mutter gesagt. Dass es nie hätte passieren dürfen, habe ich gesagt, dass es nie wieder sein darf. Hätten Sie denn gedacht, ich wollte mehr von Ihnen, hat deine Mutter gesagt. Manchmal, sagte Hubert ins Zimmer hinein, manchmal hat sie mich angesehen, spöttisch, als würde sie es Richard sagen wollen.

Das Fuchslächeln der Mutter. Haben Sie denn eine Freundin?, hatte sie Hubert gefragt. Frauen, hatte sie gesagt und ihr langes Haar auf ihre Finger gewickelt, das wenigstens interessiert Sie doch hoffentlich, neben den Steinen.

Hubert nahm ein Shirt, das auf den Boden gefallen war. Er drehte es in seinen Händen, er legte es, als könnte ihn die Sorgfalt retten, sorgfältig zusammen, er legte es in den Koffer und stand wieder da, mit leeren Händen.

Er darf es nie erfahren, habe ich gebetet, ich weiß nicht zu wem. Es war doch nur dieses eine Mal gewesen, habe ich gedacht. Und dann, Hubert sah auf seine Hände, Priesterhände, hatte der Vater gesagt und die Mutter hatte gelacht, dann ist die Zeit vergangen und ich dachte, was dachte ich, dass ich noch einmal davongekommen war? Ich habe mit anderen Frauen geschlafen, um zu vergessen, mit wem ich nicht hätte schlafen dürfen.

Ich weiß, wann sie es dem Vater gesagt hat, sagte ich.

Hubert war in das Haus gegangen, sein Schritt war leicht gewesen. Er war beim Vater in der Bibliothek gewesen. Hubert hatte mir seine Hand auf die Wange gelegt. Ich weiß es nicht, Ana, hatte er gesagt, ich weiß nicht, ob wir uns wiedersehen.

Der Koffer des Vaters war im Vorraum gestanden, ich weiß es wieder, sagte ich.

Ich gehe fort von hier, hatte die Mutter gesagt, nicht weinen. Dass du ficken kannst, wen du willst, geht es darum?, hatte der Vater gebrüllt. Etwas war zwischen den Eltern zersprungen. Willst du, hatte die Mutter gesagt, dass die ganze Welt es weiß. Du lügst, hatte der Vater geschrien und ich hatte mir die Hände an die Ohren gepresst, dass die ganze Welt es erfährt, wen ich aller gefickt habe und warum.

Ihr wolltet über die Dissertation reden, sagte ich. Ihr wolltet eine Lösung finden für euer Dissertationsproblem. Du bist zu uns gekommen, weil du dachtest, es geht um Versöhnung, und er hat dich rausgeworfen. Sie hat es ihm an diesem Tag gesagt.

Ich verstehe, sagte Hubert. Natürlich, sagte er. Er drehte sich im Zimmer, als suchte er jemanden, aber da war keiner außer uns. Du solltest jetzt gehen, Ana. Er sammelte Dinge ein, er stapelte Bücher, Zettel, er warf, was noch im Kasten war, in den Koffer. Geh jetzt.

Ich schüttelte den Kopf.

Was willst du noch?, sagte Hubert mit einer scharfen Ungeduld. Ich hab zu tun, geh.

Nein, sagte ich. Schick mich nicht fort.

Ich sah ihn nicht an, bis er sich mir gegenüber auf den Boden hockte. Er nahm meine Hände, sie waren eiskalt, er rieb sie. Ana, sagte er, es ist leichter, wenn du jetzt gehst.

Ich schüttelte den Kopf.

Wie kannst du noch hier sein wollen, sagte Hubert.

Lass mich bei dir sein, bitte.

Wir sollten es beenden, sagte Hubert, jetzt.

Ich suchte ihn mit meinen Händen, meinem Mund, ich will mich wenigstens von dir verabschieden. Dann habe ich gespürt, dass er mir nachgab.

Der Muezzin hat gesungen und ich habe gewusst, was ich tun musste. Ich bin ins Hotel gegangen, die Luft war blau und kühl, ich habe geduscht, mich umgezogen. Als ich wieder im Grabungshaus war, war es kurz vor sechs. Der Vater öffnete mir die Tür, was willst du?, fragte er, seine Augen waren gerötet.

Du darfst das nicht tun, sagte ich.

Habe ich nicht alles Recht dazu?, fragte er.

Bitte.

Schickt er jetzt dich?

Er weiß nicht, dass ich hier bin. Er würde nicht wollen, dass ich betteln gehe zu dir. Der Vater verzog sein Gesicht, höhnisch, und er wird es auch nicht erfahren, was ich dir sage.

Also, sagte der Vater.

Bitte, sagte ich, du darfst das nicht tun.

Was soll mich denn davon abhalten?, hat der Vater gesagt, da habe ich meine Arme um seine Beine geschlungen und mein Gesicht an seine Knie gedrückt, rauer, kratziger Stoff, das habe ich als Kind getan, dass er nicht wegfahren konnte. Ich werde ihn nie wieder sehen, ich verspreche es dir, sagte ich, aber mach ihm nicht sein Leben kaputt.

Im Badezimmer dröhnte ein Föhn, lass das, Anastasía, sagte der Vater endlich, du bist zu alt für so was. Er löste meine Arme, er schob mich weg. Ilse kam aus dem Badezimmer, das Mitleid in ihren Augen. Sie schloss die Badezimmertür, ich war wieder allein mit dem Vater. Ich wischte mir die Tränen weg, er mochte es nicht, wenn ich weinte. Du liebst ihn immer noch, sagte der Vater.

Das ist doch ganz gleichgültig jetzt, sagte ich.

Er verdient es nicht, sagte der Vater, dass du ihn liebst.

Ich tu, was du willst, ich rede kein Wort mehr mit ihm, von jetzt an kein Wort. Ich fahre nach Hause, heute noch, wenn du es willst.

Ich muss nachdenken, sagte der Vater, lass mich jetzt allein.

Ich ging in den Speisesaal. Nimmst du mich mit?, sagte ich zu Jan. Hubert kam auf mich zu, ich schüttelte den Kopf. Etwas flackerte auf in seinen Augen und erlosch. Einmal noch bin ich in die weiße Stadt gefahren, ein letztes Mal.

Um fünf Uhr bin ich aus der Stadt zurückgekommen. Der Vater war im Hof, geh auf mein Zimmer, hat er gesagt, warte dort. Ich saß an seinem Schreibtisch, eine dünne Mappe lag da, ich sah nicht hinein. Fotos vom Theater, Pläne, ein Brief, ich wartete. Irgendetwas tickte wo, und draußen schwirrte ein Vogelschwarm auf. Ilses Röcke lagen auf dem Bett. Meine Hände zitterten, ich tastete nach etwas, das ich halten konnte, das Feuerzeug des Vaters lag kühl in meiner Hand. So saß ich, die Sessellehne drückte in meinen Rücken, goldenes Licht fiel in Streifen auf den Boden. Wie das Holz gemasert war und wie das Licht über den Boden wanderte, das zu wissen, schien mir so wichtig. Dann ging die Tür auf, Hubert stockte, als er mich sah. Ana, sagte er, aber hinter ihm war schon der Vater.

Der Vater schloss die Tür, er schloss das Fenster, ich war aufgestanden, wir standen jetzt alle drei. Du weißt, sagte der Vater zu Hubert, du bist erledigt, egal wie Hans entscheidet. Ich kann dich vernichten, du weißt, dass ich das kann, und du weißt, dass ich das tun werde.

Hubert rührte sich nicht, was gab es auch zu sagen.

Meine Tochter hat mich gebeten, fuhr der Vater fort, ich möge dich schonen. Und weil ich meine Tochter liebe, sagte er, will ich die Entscheidung dir überlassen.

Die Stimme des Vaters war jetzt scharf. Entweder, sagte er, wir gehen, wenn wir hier fertig sind, zu Hans. Ich konfrontiere ihn mit den Fakten, ich habe nichts mit den Raubgrabungen zu tun, stieß Hubert hervor, ich konfrontiere ihn mit den Fakten, fuhr der Vater unbeirrt fort, ich informiere die Fachwelt im In- und Ausland, das ist dann, das weißt du, das Ende deiner archäologischen Arbeit. Weil ich meine Tochter liebe und weil sie es sich nicht nehmen lassen wird, bei dir zu bleiben, werde ich mich dafür einsetzen, dass du in einem der Wissenschaftsverlage, zu denen ich Kontakte habe, ein Unterkommen als Lektor findest. Dann kannst du, mit ein wenig Glück, die Fachpublikationen deiner ehemaligen Kollegen lektorieren. Für Fachwissen sind wir immer dankbar, sagte der Vater spöttisch. Und du kannst meiner Tochter wenigstens ein Auskommen bieten.

Oder?, fragte Hubert.

Oder du bleibst. Am Institut. In Ephesos. Im Projekt. Du bringst die Grabung zu Ende, du betreust die Auswertung, du übernimmst, sobald sie restauriert ist, die Göttin, du führst das Projekt im nächsten Jahr weiter. Hans hält große Stücke auf dich, das sollte genügen, um deine Karriere endlich in Schwung zu bringen.

Was ist der Haken?, fragte Hubert.

Du siehst meine Tochter nie wieder.

Nach einer langen Zeit, in der sich keiner von uns dreien rührte, senkte Hubert den Kopf.

Warum hast du das getan?, habe ich den Vater gefragt. Wir waren alleine, Hubert war gegangen.

Audiatur et altera pars, man muss doch auch die andere Partei hören.

Du hast gewusst, wie er sich entscheiden wird. Wie konnte er sich anders entscheiden.

Ein Unwürdiger, hat der Vater gesagt.

Du hast ihn dazu gemacht.

Ich bin dann, weil ich irgendwo sein musste, im Grabungshaus geblieben. Dein Flug geht morgen, hatte der Vater gesagt, er hatte meinen Rückflug schon gebucht. Ich setzte mich, weil ich irgendwo sein musste an diesem Abend, auf die Veranda, wo andere saßen und redeten. Ich sah, mit wem Hubert saß, er hielt sich sehr gerade.

Du brauchst einen Grund, warum du das Projekt abgibst, das war Huberts Antwort gewesen. Ich fühle mich in letzter Zeit nicht so wohl, hatte der Vater gesagt, Hubert hatte genickt. Ich hatte es doch gewollt, dass er sich sein Leben rettete.

Später saß Hubert bei seinen Leuten unter der Tamariske. Da wusste ich, dass ich jetzt gehen musste und dass es das letzte Mal gewesen sein würde, dass ich ihn sah. Ich bin über den Hof gegangen, beim Büro vorbei, die Tür zum Depot stand offen.

. . . . .

Zuerst, sagt die Mutter, sie redet zu laut, zuerst wächst so etwas in dir, nistet sich ein und frisst dich auf, von innen, macht dich fett und plump und unförmig. Als wäre ich in Geiselhaft gewesen, es gab ja kein Entrinnen. Man ist ja nicht mehr Mensch, sagt die Mutter, als wäre ich nicht mehr Mensch gewesen.

Die Zehrung ist zu einer sehr lauten Veranstaltung geworden, Archäologenkongress, denke ich. Die Studentin von vorhin hat mir ehrfurchtsvoll zugeflüstert, es sind ja die ganz Großen da, der Doktor Auzinger, der Doktor Bäumler, die Frau Doktor Kohlhammer, und aus Berlin, aus London, dass ich die alle hier kennenlernen darf. Schön, habe ich ihr gesagt, der Vater hat das so gewollt, dass sich alle amüsieren. Die Studentin hat mich groß angesehen, doch doch, habe ich gesagt, amüsieren Sie sich nur.

Die Mutter sitzt zwischen ihrem Amerikaner und einem der Cousins. Es hat ja ein Mann keine Vorstellung, sagt sie, wie es ist, so ein Kind auszutragen.

Mama, sage ich, Eva, sagt sie, wann wirst du es dir merken, dass ich Eva heiße. Man ist ja kein Mensch mehr, sagt sie, du wärst zu früh gekommen und ich musste liegen, stillhalten, über Wochen, Monate, die Qual, nicht tanzen zu können. Can you imagine, sagt sie zu dem Amerikaner, it was like dying. Dann will das heraus, sagt die Mutter, reißt dich auf in Blut und Schleim, Mama, sage ich. Das zerreißt dir den Körper und saugt das Leben aus dir, Eva, sage ich, hör auf damit. Tierleben, Pflanzenleben, fährt die Mutter unbeirrt fort, ich musste stillhalten, ich konnte nicht mehr tanzen. Mein Körper hat sich mir verweigert, my body let me down, vier Jahre lang mehr Pflanze als Mensch.

Wovon Pflanzen träumen, sagt die Mutter, das war mein erstes eigenes Tanzprogramm, Jahre später, what vegetables dream of, sagt sie. Can you imagine, darling, sagt sie zu dem Amerikaner, being a vegetable. Darling, sagt sie und meint mich, nicht böse sein, du hast mich fast umgebracht.

Ich will gehen, die Mutter hält mich fest. Vielleicht, sagt sie, war ich nicht immer die beste Mutter, aber weißt du denn, was du aus mir gemacht hast?

Und dann weint das, sagt sie zum Cousin, der starrt sie fasziniert an, die verrückte Ehefrau, die exzentrische Professorengattin, das weint und weint. Die Mutter legt ihre Hand auf den Unterarm des Cousins, always crying, sagt sie zu dem Amerikaner, und zu mir, vorwurfsvoll wieder, du hast geweint und geschrien, du warst ein schreckliches Kind. Nimm sie, habe ich zu deinem Vater gesagt, ich werfe sie aus dem Fenster, wenn du sie nicht nimmst. Nicht böse sein, sagt sie, was warst du für ein schreckliches Kind.

Und der Vater?, frage ich.

Die Mutter lässt mich los, sie macht die Augen schmal. Richard hat dich genommen, sagt sie, und du warst still. Sobald er dich in den Armen gehabt hat, hast du aufgehört zu weinen. Du hast ihn angelächelt, mit deinem süßesten Lächeln, Mädchen, sagt die Mutter zum Cousin, Verführerin, noch in den Windeln und wickelt schon jeden Mann um den Finger. Tränennass, sagt die Mutter, ein tränennasses, süßes Lächeln, das hat deinen Vater ganz wehrlos gemacht. Er war hilflos und wehrlos in seiner Liebe zu dir. Helpless, sagt sie zu dem Amerikaner, quite helpless in his love.

Warum durfte ich nicht bei ihm sein?, frage ich.

Er hat sie schrecklich verwöhnt, sagt die Mutter, und du, sagt sie, du hast ihn vergöttert. Sie hat mich aufgerissen, sagt die Mutter zum Cousin hin, und später, eine Beschwernis ist so ein Kind.

Dann wolltest du mich gar nicht, als du dich getrennt hast vom Vater?

Natürlich nicht, sagt die Mutter, ich wollte endlich mein eigenes Leben haben.

Aber warum, sage ich, warum hat mich der Vater nicht gewollt?

Was redest du, sagt die Mutter ungeduldig, was soll das heißen, er hat dich nicht gewollt?

Sie wendet sich aufgebracht zum Cousin. Das Kind bleibt bei mir, hat er gesagt, dass das klar ist. Wenn ich zurück bin, hat er gesagt, gehst du, das Kind bleibt, und das war mir nur recht. Ich bin, weil ich es nicht ertragen habe, sein Haus, seine Villa, seine Möbel, als wäre es noch nicht einmal meine Luft, die ich atmete, die Mutter fächelt sich erregt Luft zu, not even the air I was breathing was mine, sagt sie zu dem Amerikaner, im Sommer noch bin ich ausgezogen. Ich habe dich mitgenommen, eine kurze Zeit noch, dann würde ich frei sein.

Du wolltest den Vater quälen, sage ich.

Die Mutter legt den Kopf schief, aber warum hätte ich das tun sollen?

Du wolltest ihm wehtun.

Die Mutter lächelt ein trauriges Mädchenlächeln.

Ich war dein Pfand. Was wolltest du von ihm, Geld? Wolltest du mich austauschen, gegen eine ordentliche Abfindung, als Absicherung, falls er sich doch nicht scheiden lassen wollte? Du bist mit mir weggegangen und hast ihm nicht gesagt, wo wir sind, das war doch so.

Die Mutter zuckt die Schultern, darling, sagt sie, was regst du dich jetzt so auf?

Niemand hat gewusst, wo wir sind, sage ich. Nicht die Vroni, auch die Omi nicht. Wir waren doch immer bei irgendwelchen Leuten, ein paar Tage da, ein paar Tage dort, oder in Pensionen, bis du dann endlich diese grässliche Wohnung gefunden hast. Und der Vater hat es nicht gewusst, die ganze Zeit, die er noch in der Türkei war und auch danach.

Es ist möglich, sagt die Mutter, dass er das nicht sofort erfahren hat. Es ist möglich, sie streicht eine Strähne hinter das Ohr, dass er es nicht gewusst hat, eine Zeit lang.

. . . . .

Die Tür zum Depot stand offen, ich ging in den Raum, wo die Göttin in ihrem Bad lag, gewaschen, gesalbt, gespeist. Ein grünliches Licht brannte bei der Tür, aber wo die Göttin lag, war es dunkel. Du musst die Augen senken, wenn du die Göttin siehst, hatte der Vater gesagt vor langer Zeit, weil sonst Blindheit über dich kommt und Wahnsinn.

Es roch säuerlich und scharf, Polyethylenglycol. Die Göttin lag in ihrem Bad, ein Stück Holz, dachte ich. Etwas verwirrte sich mir, dass alles seinen Preis hatte, dachte ich. Ich sah die Göttin an, das Stück Holz, sie lag da, nackt und bloß, ich senkte die Augen nicht. Das Feuerzeug des Vaters lag kühl in meiner Hand. Sie gibt und sie nimmt, hatte der Vater gesagt, ein Rauschen wie von Pfeilen war in der Nacht, in meinem Schädel schwärmten Hornissen. Sie gibt und sie nimmt, galt denn das auch für die Göttin?

Ich schnappte den Deckel des Feuerzeugs zurück. Mein Daumen fuhr über das Rad, der Feuerstein warf Funken, eine Flamme sprang auf. Ruhig in ihrem Bad, Polyethylenglycol, wartete die Göttin. Die Flamme brannte in meiner Hand.

Dann lief ich die Straße hinunter, an deren Ende niemand mehr auf mich wartete. Ich lief die Straße entlang, die nach einem Wiener Bauunternehmer benannt ist, der Mond stand silbern oder blutigrot am Himmel und weiß schimmerte die Säule in der Nacht. Die unverzeihliche Tat.

Ich hetzte durch die Nacht zurück, die Straße entlang, die Straße hinauf. Als ich im Grabungshaus ankam, war alles, wie es gewesen war. Im Büro war Licht, das Depot lag still und dunkel, im Hof saßen die Leute und schwatzten. Ich atmete auf. Es war alles gut, die Göttin hatte gewählt, ich sollte ohne Schuld sein. Mir war fast leicht, als hätte ich etwas begriffen.

Ein Knall, ein Schrei, als heulte ein Tier. Der Vater war aus dem Büro gestürzt, Ilse, schrie er. Der Vater war in das Depot gerannt, vom Hof her waren die anderen gekommen, aus den Zimmern, aus dem Fernsehraum, aus der Küche, von überall her kamen die anderen, eine große Menge strömte vor dem Depot zusammen. Hans drängte sich durch die Menge, aber bevor er beim Depot war, erschien der Vater in der Tür, der Vater und Ilse. Ilse wimmerte und stieß kleine Schreie aus, kleine hohe Schreie. Ihr Gesicht war wie geschmolzen, als hätte ihr jemand Löcher in die Stirn, in ihre Wangen gebrannt, Splitter im geschmolzenen Fleisch. Schau nicht hin, sagte Jan neben mir, aber ich musste.

Ruft die Rettung!, brüllte der Vater. Eine Sirene heulte, oder hatte sie die ganze Zeit geheult, Bertram und Maria, die Restauratoren, rannten ins Depot, seid ihr wahnsinnig, schrie Hans, wenn da noch mehr in die Luft geht. Sie muss unter kaltes Wasser!, rief Ingrid, der Vater zog Ilse in eines der Zimmer, sie hatte aufgehört zu schreien, wir hörten ihr Wimmern durch die offene Tür. Dann war ein Krankenwagen da, die Feuerwehr, die Polizei, sie haben Ilse auf einer Bahre herausgetragen, die Augen in ihrem schrecklich zerstörten Gesicht waren groß.

Hans, der den Restauratoren ins Depot gefolgt war, kam den Feuerwehrleuten entgegen, er schüttelte den Kopf, gestikulierte. Gott sei Dank, sagte Bertram zu einem neben mir, Gott sei Dank ist nicht mehr passiert. Nicht noch mehr, fügte er schnell hinzu. Schlimm genug, sagte er und sah zu Boden. Es hätte das ganze Depot abbrennen können, das Grabungshaus, wir alle. Was ist denn passiert?, fragte einer.

Dass es nur in der Restaurierwerkstätte gebrannt hatte, sagte Bertram. Ein Irrsinn natürlich, ausgerechnet in der Restaurierwerkstätte, reiner Zufall, dass das

Feuer sich nicht ausgebreitet hat, sagte er, der Raum ist voll mit brennbaren Flüssigkeiten. Ilse hatte Pech, sagte Bertram, sie hatte einfach Pech. Vielleicht hat sie das Feuer gesehen, vielleicht wollte sie es löschen, dann ist eine Flasche explodiert, ihr ins Gesicht.

Diese Wahnsinnigen, sagte einer, wer soll es sonst gewesen sein? Diese Wahnsinnigen, die etwas dagegen haben, dass wir hier graben, einer von diesen fanatischen Österreichhassern. Pass auf, was du sagst, fuhr Hans dazwischen. Es reicht, dass wir ein Feuer hatten. Das müssen wir erst einmal erklären, das bricht ja nicht von selber aus. Und wieso war die Tür offen? Die Tür zum Depot muss um diese Zeit geschlossen sein! Was hat Ilse um diese Zeit noch, und wo war die Wache, verdammt! Es reicht, was passiert ist, sagte Hans, wir müssen uns nicht auch noch die Türken mit unbewiesenen Behauptungen zum Feind machen. Ich will keine, sagte Hans, dass das klar ist, ich will keine Gerüchteküche hier. Wir warten auf die Ergebnisse der Untersuchung, Unfall oder Anschlag, ich weiß nicht, was schlimmer ist. Wie kann denn jemand in diesem Raum mit Feuer hantieren, und wie kann es sein, dass jemand von außen? Hans schüttelte den Kopf. Ein Polizist kam auf ihn zugesteuert, Hans führte ihn ins Büro.

Irgendwie ist diese Nacht zu einem Ende gekommen. Jan ist bei mir gewesen, die ganze Zeit, du solltest dich hinlegen, hat er gesagt, dein Vater ist bei Ilse, du kannst nichts tun. Sie ist nicht alleine, hat er gesagt, sie wird es überleben, das ist doch das Wichtigste. Aber ihr Gesicht, habe ich gesagt.

Jan war auch bei mir, als ich befragt wurde, vielleicht, wenn ich allein gewesen wäre, aber wie konnte ich sagen, was ich getan hatte, wenn Jan dabei war. Wo ich den Abend über gewesen war, fragte mich der Beamte, hier, sagte ich, im Hof, dass ich auf dem Weg ins Hotel gewesen war, you are not staying here?, fragte der Beamte, no, sagte ich, your father is an important person here, sagte der Beamte, yes, sagte ich, but when I decided to come the rooms were all occupied.

Mit wem ich gewesen war, fragte der Beamte, I don't know, sagte ich, just sitting with people. Du bist bei uns gesessen, sagte Jan, er gab dem Beamten einige Namen, wann bist du gegangen?, fragte er mich, ich weiß nicht, sagte ich, ich habe nicht auf die Uhr geschaut. Ich schluckte, es ist dann auch gleich losgegangen, sagte Jan.

Anything strange?, fragte der Beamte, ob wir etwas gesehen hätten, strangers, ob wir in den vergangenen Tagen etwas Auffälliges beobachtet hätten. Es war viel Aufregung, sagte Jan, wir haben doch diesen Fund gemacht, yes, sagte der Beamte, I see.

Willst du nicht schlafen gehen, sagte Jan später. Nein, sagte ich, der Vater, ich muss auf den Vater warten.

Hubert ist die ganze Nacht zwischen Depot und Büro hin- und hergegangen, in Besprechung mit den Restauratoren, mit Hans, mit der Polizei, dass die Göttin unversehrt war, sagte er zu Hans. Einmal hat mich sein Blick getroffen.

Gegen sechs Uhr kam der Vater zurück. Keine Lebensgefahr, sagte er zu Hans. Ich glaube nicht, sagte er, dass sie ihr das Gesicht retten können. Ich muss mich kurz hinlegen, wenn du mich später zum Theater bringen kannst. Bleib heute hier, sagte Hans, ich muss arbeiten, sagte der Vater. Bevor er in sein Zimmer ging, wo vielleicht noch immer Ilses Röcke auf dem Bett lagen, redete er mit dem Polizisten, der im Hof Wache stand. My daughter, sagte er, dass ich heute nach Hause fliegen sollte, her grandmother is ill, sagte er, she should be with her grandmother, do you still need her, is this okay? Der Polizist ging ins Büro, als er zurückkam, nickte er, is okay, sagte er, the police will talk with you later.

Als der Vater die Stufen heraufstieg, schwankte er. Sein Gesicht, streng und müde, war von einer Härte, es gab nichts, das ich sagen konnte. Der Vater ging in das Zimmer, das er mit Ilse geteilt hatte, ich ging ihm nach. Was konnte ich tun, mich ihm zu Füßen werfen? Er gab mir das Ticket, er gab mir Geld, nimm dir ein Taxi, sagte er, geh mir aus den Augen, ich will dich nicht mehr sehen.

. . . . .

Richard hatte Verpflichtungen, sagt die Mutter jetzt, der musste da noch weg, tage- und wochenweise. Ich wollte nicht, dass sich deine Großmutter auch noch einmischte, also haben wir gesagt, nach Weihnachten, im neuen Jahr, vielleicht ab den Semesterferien.

Weihnachten, denke ich, habe ich das denn gewusst, hat mir das jemand gesagt? Und wie sollte ich es glauben, ich hatte doch den Vater verlassen.

Aber du wolltest nicht zu ihm, sagt die Mutter verärgert. Du wolltest nicht bei ihm bleiben, tu nicht so, als wüsstest du das nicht mehr! Du hast geheult, schon bevor du zu Richard gefahren bist, und du hast erst wieder aufgehört damit, wenn du wieder bei mir warst. Du hast Tage gebraucht, um dich von diesen Besuchen zu erholen. Es war nicht zu reden mit dir, Tage vor jedem Besuch und Tage danach hast du geweint, bis dein Vater gesagt hat, Schluss damit, er konnte es nicht mehr mitansehen.

Auf Wiedersehen, sage ich zu Ingrid, zu Sophia, den älteren Herrschaften, zu Jan. Ist gut, sagt Jan, dann sehen wir uns wieder, das würde mich sehr freuen.

Meine Mutter geht mit dem Cousin und dem Amerikaner, darling, sagt sie zu mir, nimm es nicht so schwer, nein, sage ich, warum auch, das ist so lange her. Das war also das Begräbnis, denke ich, es hätte schlimmer sein können. Es ist aber eine Kälte in mir, dass ich nicht nach Hause kann. Ich gehe in eine Bar und noch eine Bar, schick, sagt einer, er meint mein Kleid, kein Schwarz, ein dunkles Grau, streng geschnitten, Schwarz macht mich alt, habe ich der Verkäuferin gesagt. Für ein Begräbnis?, hat sie nachgefragt, weil ich gesagt habe, es soll sexy sein, ich will es ja auch nachher noch anziehen. Jetzt weiß ich, ich werde es nicht mehr anziehen können, schickes Kleid, sagt der Typ neben mir, was trinkst du? Wir trinken und ich weiß, wie es weitergehen wird, wir gehen zu mir, er zieht sich aus, er ist nicht mehr jung. Weil er reden will, bevor er mit mir schläft, sage ich, fick mich einfach, und das tut er.

Im Traum sehe ich nichts, höre ich nichts, kein Licht, kein Dunkel, keinen Ton. Weil ich sterben möchte, als ich aufwache, als würde ich sterben wollen, mache ich mich an dem Mann zu schaffen, der neben mir liegt. Er zieht mich auf sich. Als könnte ich wo hingelangen, bewege ich mich, der Mann hat die Augen geschlossen. Als er die Augen öffnet, sagt er Scheiße, ich drehe mich um. Friedrich steht in der Tür.

Du hast mich angerufen, sagt er, als ich ihn noch einhole, bevor er die Wohnung verlässt. Nein, sage ich, ich wäre sonst nicht gekommen, sagt Friedrich. Sollte ich das sehen, fragt er, warum machst du das? Es ist besser, wir lassen es, sagt Friedrich.

Wenn du meinst, sage ich, als wäre es mir gleichgültig. Als ich später auf mein Handy schaue, sehe ich, dass ich ihn tatsächlich angerufen habe. Ich habe keine Erinnerung daran, aber das ist jetzt auch ganz gleichgültig.

III

Es ist Monate her, dass Friedrich gegangen ist. Ich habe nichts von ihm gehört seitdem. Manchmal denke ich daran, wie er mich geliebt hat, sein Begehren, eine Ungeschicklichkeit auch, ein Stammeln und Zittern. Du verlangst, hat er einmal gesagt, dass ich dich liebe, als liebte ich dich nicht, das kann ich aber nicht. Die Scham in seinem Körper, weil ich ihn nicht liebte.

Ein paar Tage nach dem Begräbnis habe ich die Mutter zum Flughafen gebracht. Wir haben uns bei der Omi getroffen, nie sehe ich euch, hat sie gesagt, und auf einmal seid ihr alle zwei da, wie vorwurfsvoll, aber sie hat sich gefreut. Geht's dir gut?, hat sie mich gefragt, nicht so, habe ich gesagt, magst du es mir sagen?, später vielleicht, habe ich gesagt, vielleicht später. Dann habe ich die Mutter zum Flughafen gebracht, es hat geregnet. Jetzt, wo Richard tot ist, hat die Mutter gesagt, jetzt ist es, als würde ich alt werden müssen. Aber nein, habe ich gesagt, weil ich das immer sage, wenn die Mutter vom Altwerden spricht. Doch doch, hat sie gesagt, aber vielleicht will ich das jetzt.

Ich hätte ihn doch nicht geheiratet, wenn ich ihn nicht geliebt hätte, sagt sie. Das Unglück war nur, das Unglück mit deinem Vater und mir, sie schaut aus dem Fenster, es regnet.

Zum Abschied küsst sie mich auf die Wange. Den besten Sex mit deinem Vater, sagt sie, Mama, schreie ich, den besten Sex mit deinem Vater hatte ich, ich will das nicht wissen, schreie ich, hör auf damit!

Die Mutter lächelt, du bist immer noch prüde, sagt sie.

Ich bin nicht prüde, ich will das nicht wissen!

Das muss dir nicht peinlich sein, dass wir miteinander geschlafen haben, sagt die Mutter, das ist, wo du herkommst.

Ich war im Haus des Vaters, ich bin in mein altes Zimmer gegangen. Ich versuchte, mein Zimmer mit Friedrichs Augen zu sehen, ein weißes Bett, ein Schrank mit Schnörkeln, lindgrün, ein weißer Mädchentisch und rosenfarbene Röschen an der Wand. Was weißt du jetzt über mich?, habe ich ihn einmal gefragt. Dass du bei Tische saßest, hat er geantwortet, und ich denke daran, dass ich am Anfang nicht wusste, ob es angenehm war mit ihm oder langweilig. Wie konnte das geschehen, dass ich ihn verloren habe.

Ich war in der Bibliothek des Vaters, ich bin an seinem Schreibtisch gesessen. In der Schublade war ein Feuerzeug, das glänzte silbern und lag glatt und kühl in meiner Hand. Da waren Fotos, Bilder eines Sommers, der Vater und ich in der weißen Stadt. Die, die ich gewesen bin, steht neben dem, der mein Vater gewesen ist. Ilse, die eine Säule betrachtet, der Vater, der Ilse betrachtet. Wir sitzen unter Bäumen, der Vater schält einen Pfirsich für Ilse. Der Vater und ich unter Zypressen, im Rund des Theaters, auf einem Wiesenweg, der in die Hügel führt. Dass ich jung gewesen bin, denke ich, und ohne Schuld.

Du sollst, schreibt der Vater in seinen Notizen, die ich in den Tagen nach dem Begräbnis zu Ende gelesen habe, du sollst zurückgehen in die Stadt, es ist deine Stadt. Du sollst dir verzeihen, ich bitte dich darum, und wenn du es kannst, auch mir. Du kannst immer zurückkommen, das weißt du, schreibt der Vater in seiner gleichmäßigen Handschrift, und du hast noch eine Reise gut.

Im Schreibtisch des Vaters war ein Paket, zerknittert, eine Schleife darum gebunden, das hatte keiner aufgemacht. Was darin war, roch, immer noch, fremd und süß. Das war ein Rock, ein Kinderrock, in bunten Farben, in bunten Mustern, und eine Kassette lag dabei, die habe ich mir auf einem alten Kassettenrekorder, den der Vater noch irgendwo hatte, angehört. Wie aus einer Tiefe war da die Musik, es hat einer gesungen und ein anderer hat geantwortet, in langen wehen Tönen, Flöten und Trommeln und schnelle Rufe, das Stampfen von Füßen. Richard, sagte jemand, ein Knacken, ein Krachen und ein Rauschen im Hintergrund, einer lachte, und dann hörte ich die Stimme des Vaters. Stasi, hat er gesagt, hörst du das? So ist es, wenn die Arbeiter feiern. Alles Gute zum Geburtstag, Stasi, nächstes Jahr, der Vater hat gelacht, ich verspreche es, nächstes Jahr bist du dabei.

Wie kann meine Seele, schreibt der Vater, siegreich der Göttin begegnen, siegreich ihr gegenübertreten? Sieben Tore der Verwandlung hat Inanna, die Königin des Himmels, durchschritten bei ihrem Abstieg in die Unterwelt, wo ihre göttliche Feindin und Schwester herrschte. Sieben Tore, und bei jedem Tor, schreibt der Vater, hat sie ein Stück ihrer Gewandung abgelegt. Die Krone der Ebene, den Stab aus Lapislazuli, die Lapislazulisteine von ihrem Nacken, die funkelnden Steine von ihrer Brust, den goldenen Ring von ihrer Hand, die Brustplatte, alle die Gewänder ihrer Majestät von ihrem Leibe. Nackt wird sie schließlich vor den Thron der Schwester gebracht, vor die sieben Richter, vor die Augen des Todes.

Ablegen muss ich, schreibt der Vater, meinen Stolz, meine Kraft, meine Stärke, meinen Willen, mein Wissen, mein Lieben und mein Hassen. Als wäre ich der

Erste und der Einzige, der diese Reise antritt. Werden da Falken sein?, schreibt er, Falken und ihr schriller Schrei.

Im Park stehen immer noch die Linden, die Buchen, ein Nebel hängt in den kahlen Zweigen. Schnee fällt leise, in der Bibliothek knackt ein Feuer. Ich stelle mir vor, dass der Vater da ist, ich drehe mich nicht um.

Türme aus Glas, habe ich Martin geschrieben, und dass ich die Erde suchen muss, und Stein und Gras und Wind.

Bei meiner Ankunft in Selçuk war noch fast Frühling. Ich kann dir nichts zahlen, hat Ingrid gesagt, es geht nicht ums Geld, habe ich geantwortet. Der Vater hat mir Geld hinterlassen, das Haus auch, es ist immer deins gewesen, schreibt er. Ich weiß nicht, ob ich dort wohnen kann, ich muss das aber jetzt noch nicht wissen.

Wenn du herausfinden willst, ob das etwas ist für dich, hat Ingrid gesagt, wenn du Kontakte knüpfen willst, wenn du dich einarbeiten willst, dann komm. Also gehe ich mit den Teams mit, die am Theater arbeiten, am Hadrianstempel, im Hafenbereich, im Serapeion. Bestandsaufnahmen, Restaurierung früherer Restaurierungen, Anastylose, als hätte sich nichts geändert. Ich weiß wieder, wie es gewesen ist in meinem ersten Sommer, die wilde Freude, die ich hatte. Der Vater fehlt mir an jedem Tag.

In der Villa über dem Theater hausen Schlangen und immer noch kommen Dinge aus der Erde, tönerne Köpfe, Mosaike, Gefäße aus Glas, eine Waage. Aus der Hafennekropole bergen sie Skelette, einer sieht mich an aus Knochenaugen, siehst du, sagt Gabriele, die Wülste hier und hier, der war stark, der war kräftig, sehr männlich. Und dann, siehst du, die gebrochene Nase, und da sind ihm die Zähne geeitert und ausgefallen. Er hat aus dem Mund gestunken und auf einem Ohr war er taub und ist doch so stark gewesen, so kräftig.

Abends, wenn die letzten Touristenbusse gefahren sind, gehe ich manchmal ins Artemision, dann ist es still dort. In einem violetten Schatten wartet etwas, immer noch. Wo die Göttin gelegen ist, steht das Wasser, und Gänse watscheln in Herden über das Gelände.

Ingrid hat mir die Tagebücher des Vaters gegeben, seine privaten Grabungsbücher, über fünfzig Quartbände, schwarzer, roter oder grüner Karton, unlinierte Blätter, die Arbeit von vierzig Jahren. Die Originale sollen im Grabungshaus sein, hat er verfügt. Wenn meine Tochter sie einsehen will, das hat er mir geschrieben, sagt Ingrid, sie gehören auch ihr.

Wenn ich nicht mehr reden will, im Speisesaal, auf der Veranda, unter der Tamariske, gehe ich in die Bibliothek. Ich sitze am Schreibtisch, hinter mir die weißen Glasschränke. Ich schlage die Tagebücher des Vaters auf, es tröstet mich, seine gleichmäßige Schrift zu sehen. Manchmal ist es, als hörte ich, was er schreibt.

Fast täglich lese ich, wie der Vater, vierzig Jahre lang, nüchtern die Arbeit kommentiert hat. Grabungsfortschritte, Rückschläge, Diskussionen, nur selten gestattet er sich Bemerkungen zu Kollegen, nur selten streift er Persönliches. Schlimmer Husten, steht einmal, Fieber, ans Bett gefesselt für drei Tage. Amouröse Verwirrungen im Jungvolk, schreibt er, Kommissar in Aufregung, ernstes Wort gesprochen. Arbeitsplatz, nicht Vergnügungsort, drei Rufzeichen. Große Erschütterung, das bezieht sich auf einen Fund, dass Alfons das nicht mehr erlebt hat. Schwieriges Weggehen von Wien, schreibt er einmal, ich schaue auf das Datum, da hat er die Mutter schon gekannt. E. nicht erreicht, mit E. telefoniert, E. nach London?

Als er begonnen hat, 1956, 13. Juli, dass ich hier sein darf, schreibt er, kein Schlaf. Da war er dreiundzwanzig, das war sein erster Tag, der allererste Tag in Ephesos. Ich muss an Hubert denken und sein erstes Jahr. Als ob es von Bedeutung wäre, was der Vater an meinem Geburtstag gedacht hat, getan hat, lange bevor er einen Gedanken an mich hatte, suche ich, was unter dem 2. August steht, 2. August 1956, 2. August 1964, 2. August 1972.

In dem Jahr, in dem ich auf die Welt gekommen bin, ist er Anfang Juni im Grabungshaus angekommen, ich muss doch, schreibt er, meine Arbeit tun. Dass die Mutter liegen musste, denke ich, weil ich zu früh gekommen wäre. Abreise, notiert er, das Kind kommt, schreibt er und ich suche in seiner Schrift, ob er eine Freude hatte oder eine Angst. Im Jahr darauf ist er wieder hier gewesen, das Kind, schreibt er an meinem Geburtstag, das Kind hat ins Telefon gegurgelt.

Rückkehr nach drei Jahren, so beginnt er die Eintragungen im Juni 1983, Euphorie, schreibt er. Und gleich danach: Das Kind fehlt. Mit E. telefoniert, das Kind singt, Brief vom Kind, und Zeichnung (Artemis!!). Das Kind weint, Bienenstich. Ich denke ihn mir, wie er vielleicht an diesem Schreibtisch gesessen ist, draußen haben sie geschwatzt, oder er ist in seinem Zimmer gewesen, als er das geschrieben hat, oder unter einem Baum, im Artemision vielleicht, im Hof der Moschee, das Kind fehlt, schreibt er. Einmal muss ich krank gewesen sein, Sorge, schreibt er, zum Kind gefahren.

Ich will mich erinnern, wie der Vater zu mir gekommen ist, weil ich krank war. Ich suche und suche, ich habe keine Erinnerung daran. Ein Kinderkopf sieht mich an, schnell hingeworfen, das bin ich, und noch einer und noch einer, das bin immer ich. Ich schlage den Band zu, weil ich es nicht mehr ertrage, wer ich geworden bin.

Manchmal suche ich in den Tagebüchern des Vaters auch nach Hubert und warte, wenn ich seinen Namen lese, auf das Ziehen, das ich immer noch oder wieder habe, wenn ich an ihn denke. Dass wir uns so schrecklich verfehlt haben alle drei.

Der Vater hat die Stadt gezeichnet und die Stätten, an denen er gearbeitet hat, das Stadion, das Vediusgymnasium, das Theater, das Artemision natürlich, und was sie gefunden haben da und dort. Manches erkenne ich, manches suche ich am nächsten Tag. Goldüberglänzt die Bibliothek, Säulen und Marmorblöcke, über die sich Grünes schlingt, Stierköpfe mit schweren Blütenkränzen, Kiefern und Eichen und dunkle Haine. Was unter dem Schutt in den Hanghäusern lag und was von stierblutroten Wänden bunt ihn angesehen hat aus einer andern Zeit. In dem Jahr, in dem sie die Artemis ausgegraben haben, er war so jung, als sie ihn angesehen hat, er hat ihre Züge gezeichnet, wieder und wieder.

An einem Abend nehme ich den letzten Band. Ich muss es wissen und fürchte mich, was ich finden werde. Das Kind ist da, schreibt der Vater Anfang Juli, Anastasía, das erste Mal steht mein Name in den Tagebüchern des Vaters. Mit Anastasía durch die Stadt gegangen, sie ist fast erwachsen, schreibt er, klug. Vaterstolz, großer, schreibt er.

Mit Anastasía im Theater, gutes Auge, sie stellt sich geschickt an. Frühmorgens Aufbruch. Weg der Göttin, schreibt er. Ich weiß es noch, wie sie gekommen ist. Wilde Emotionalität. Was soll daraus werden?

Projekt an H. L. abgegeben, schreibt der Vater, das war, bevor ich gekommen bin. Dieser Mensch, schreibt er ein anderes Mal über Hubert, dieser Mensch. Hort, vermerkt er, Kosmos, Xoanon? Die letzte Eintragung im letzten Band der Tagebücher meines Vaters lautet: Brand im Depot. Ilse verletzt. Keine weiteren Schäden.

Als hätte er die Feder angesetzt, vielleicht, ist da ein Punkt, ein Verweilen der Feder auf dem Papier, ein Federkratzer. Aber das ist seine letzte Eintragung, Ilse verletzt, keine weiteren Schäden.

Ich bin im Museum gewesen, ich habe die Göttin gesehen, schwarze Mädchenfrau, schrecklich und schön. Was auf der Krone steht, auf dem Gürtel, auf den Schuhen der Göttin, das kann keiner lesen.

Ich bin auf den Bülbüldag gegangen, auf den Nachtigallenberg. Einmal im Jahr gehe ich auf den Berg, hat der Vater gesagt. Du musst im Frühling kommen, da blüht alles und duftet, aber jetzt war Sommer und die Sonne stach grell und das Land lag braun, selbst das Grün der Bäume war wie grau in der schweren Luft.

Ich habe den Asphodelus noch nicht blühen sehen, habe ich in die Luft hinein gesagt. Ich komme im Frühjahr wieder, und dann war ich seltsam leer. Als wäre alles neu zu lernen, ging ich den Berg hinunter und über die lange Straße zurück, die Mauer entlang, an der ich einmal mit Hubert gestanden war, wie schwankend die Straße hinauf, die zum Grabungshaus führte, über den Hof in mein Zimmer. Ich bin auf das Bett gefallen und habe geschlafen bis zum Morgen. Der Ruf des Muezzins hat mich geweckt.

In einer Nacht, bevor ich nach Ephesos gefahren bin, bin ich aufgewacht, weil eine starke Hand mein Herz gepresst hat. Eine Traurigkeit zermalmte mich, es gab nur einen Menschen, dem ich das sagen konnte. Wie einmal schon habe ich Friedrich angerufen. Friedrich, stammelte ich, Friedel, bitte.

Es ist möglich, dass ich gedacht habe, dass Friedrich sich melden würde. Aber wie sollte er einem nächtlichen Anruf vertrauen, mir auch vertrauen.

Die weiße Stadt ist nicht weiß. Malven schwanken im Wind, der am Morgen die Stadt weckt, in den Hanghäusern schrillen Zikaden und die aufgehende Sonne färbt die Kapitelle rot. Ich gehe die Kuretenstraße entlang, die in einem Blau liegt, das noch der Nacht gehört, die Marmorstraße, die Arkadiane. Hoch schießen Disteln silbern und violett, auf grauem Stein verwittern Flechten. Goldene Käfer in zitterndem Gras und Eidechsen, die mit dem Kopf rucken. Als bebte und pulsierte etwas wo. Ein Vogel kreist, hoch im Blau.

Der Roman schuldet vielen Menschen Vieles. Im Besonderen möchte ich Sabine Ladstätter, Grabungsleiterin in Ephesos, und den Teams der Kampagnen 2010 und 2011 für die überaus freundliche Aufnahme danken. Herzlichen Dank an Georg Plattner, Kustos der Antikensammlung und des Ephesos-Museums, für wertvolle Hinweise. Ich danke Christine Schennach, meiner Erstleserin, für anregende Diskussionen und Günther Eisenhuber dafür, dass er mir meinen Text neu gezeigt hat.

Alle im Roman beschriebenen archäologischen Objekte existieren tatsächlich, mit Ausnahme der Elfenbeinstatuette aus dem Pfirsichgarten und der schwarzen Göttin.